I0479586

VOLUME 22

L'ERREUR DES GRANDS SCIENTIFIQUES

L'EXTENSION DE LA THÉORIE DU BIG BANG

PREMIÈRE ÉDITION

Carlos L. Partidas

Copyright © 2012 Carlos Partidas
N° Depósito Legal   MI2019000456
ISBN: 978 1672 4901 46

9 781672 490146

ENREGISTREMENT DE LA PROPRIÉTÉ INTELLECTUELLE SAPI : N° 8074
DU COMPENDIUM DE LA CHIMIE DES MALADIES
RÉPUBLIQUE BOLIVARIENNE DU VENEZUELA, 07/05/2010

DEDICATOIRE

A la mémoire des grands scientifiques, qui ont aidé à ouvrir la voie complexe de la science, afin que l'humanité puisse passer librement sur le chemin de la connaissance.

SOMMAIRE

RECONNAISSANCE

À la force énergique des Almatrinos, qui l'ont fait
possible à partir d'avant le temps zéro, la création de notre
immense Univers

1

L'HISTOIRE FINALE DE LA PHILOSOPHIE

Lors d'une conférence du Zeitgeist de Google en 2011, Stephen Hawking a déclaré que "la philosophie était morte". Les philosophes n'ont pas suivi le rythme des progrès de la science, tandis que les scientifiques sont devenus les porteurs de la flamme de la découverte ", a dit Hawking. Et Hawking d'ajouter que " les doutes philosophiques peuvent être clarifiés par la science, et en particulier par de nouvelles théories scientifiques, qui nous montrent une image différente de l'univers ". Mais c'est sans doute un grand succès de Stephen Hawking, car la science n'a qu'une explication certaine, à condition que cette hypothèse puisse être testée expérimentalement. Par conséquent, l'idée que l'on entrevoit sur la base d'une certaine théorie, passera par une série de tests, qui seront sujets à des erreurs et des succès. Cependant, certains scientifiques qui tentent d'élaborer une explication précise à l'aide de données expérimentales ne s'appuient que sur des matrices issues des mathématiques et oublient de concentrer leur regard sur le phénomène réel. Et ils ne croient qu'au résultat prédit par les calculs. Mais c'est une erreur que les grands scientifiques ont commise, qui, en raison aussi de leur prestige, ont réussi à faire suivre aveuglément d'autres penseurs, sans qu'il soit nécessaire d'établir leurs propres critères ou sans objections. Et nous pouvons dire en tant que Stephen Hawking, qu'en réalité la philosophie est morte, parce que c'est la science qui dévoile les grands mystères de la nature. Mais cette discipline est à comprendre qu'elle a été utile, parce que c'est elle qui a forcé l'être humain à réfléchir à la façon de donner une explication à son origine, aux énigmes et au principe réel de son monde cosmique.

Ou peut-être parce que, dans le passé, les instruments nécessaires à la réalisation de méthodes expérimentales n'avaient pas été mis au point, de sorte que les explications des phénomènes ne découlaient que de la capacité de penser, ce qui a fait éclater la formation de penseurs philosophiques, tout comme l'émergence des grands scientifiques. Ou peut-être est-ce pour cela qu'il a correspondu à certains d'entre nous d'observer de plus près la reconstruction de phénomènes, à partir de données ou d'outils qui nous sont donnés par des instruments nouveaux et modernes, pour suivre les traces indélébiles laissées par l'évolution de l'Univers.

Ou bien nous pouvons dire que lorsque les méthodes expérimentales n'existaient pas encore, les idées des philosophes agissaient avec beaucoup d'élan, car ce sont eux qui pouvaient expliquer, chacun à leur manière, les grands mystères de l'origine de l'Univers. Par exemple, jusqu'au XVIIe siècle, on considérait que la tendance d'un corps à tomber sur la terre était une propriété inhérente à tout corps. Le phénomène a donc été clarifié et aucune autre explication n'était donc nécessaire. Jusqu'à ce que William Stukeley dans son livre "Memoir of Sr Isaac Newton's Life" publié en 1752, décrit qu'il a rencontré le grand scientifique buvant du thé dans un jardin sous des pommiers, et que lorsque Newton a vu une pomme tomber, il a commenté à Stukeley que ce scénario était le même que quand il décrit l'idée de gravitation. Et Stukeley écrivit : "Une pomme lui tombait dessus quand il se reposait en méditant"... Bien que nous sachions que la force gravitationnelle est une propriété des corps qui doit être mesurée, mais qui ne peut pas être prévue par une fonction mathématique.

Et parmi cette série de confusions philosophiques, ce serait que l'énorme nombre d'églises est apparu, quand certains philosophes ont coïncidé, que dans le point initial de tout cela, il devait y avoir l'action d'un créateur. Mais la seule chose qui jusqu'à présent est restée cachée derrière toute expérience, c'est l'image de ce créateur. Et ce secret était aussi une bonne idée, parce qu'il est supposé qu'il ne sera pas possible de démontrer quelque chose qui n'existe pas vraiment. C'est donc la seule chose qui n'a pas laissé de trace de son évidence, et de cette façon, l'idée de l'existence d'un créateur peut être maintenue vivante.

Mais il y a aussi l'idée d'athéisme chez les grands scientifiques, lorsqu'ils constatent qu'il n'y a aucune preuve de l'existence d'un être suprême. Et cette recherche s'étend aussi aux grands religieux, lorsqu'ils essaient de prouver cette existence d'une manière ou d'une autre. Ou bien la logique peut transporter des scientifiques aussi bien que de grands philosophes et des religieux sur un radeau dans une mer agitée. Et chacun décidera s'il préfère devenir philosophe lorsqu'il cherche quelque chose en réalité qu'il ne comprend pas. Ou quand il l'aura, la tempête atteindra enfin son calme, et inévitablement, une idée effacera l'autre. Cependant, comme l'a dit Stephen Hawking, l'un d'entre eux, la philosophie, est mort, parce qu'il ne peut plus étudier les idées sur le radeau avec la mer agitée, parce que la science l'a calmé avec des preuves expérimentales de chaque phénomène, et l'esprit analytique de l'être humain se dirige maintenant vers un havre sûr. Bien que le religieux, reste confiant dans son attente.

Mais en ce qui concerne les scientifiques et la formation de l'Univers, ce calme est peut-être venu quand Edwin Powell Hubble a observé que les galaxies s'éloignent de la Terre. Et cela suppose une réalité, comme c'est le cas, que l'Univers est dans une phase de croissance, quand même étant en pleine tempête, tous les chevrons croyaient que l'Univers était statique, et que le centre de l'Univers était la Terre.

Mais cette nouvelle idée de Hubble, ou la réalité d'un Univers en expansion, indiquait qu'il devait y avoir un point d'origine, à partir duquel il commençait à se former dans l'Univers. Et c'est précisément cette idée qui a été proposée par un révérend de l'Église catholique d'origine belge, Georges Henri Joseph Édouard Lemaitre. Parce que ce fait d'un Univers en croissance, lui convenait parfaitement bien à la recherche de l'Eglise ; puisqu'il était supposé, que quelqu'un devait être derrière cette croissance, pour alimenter ce point et que l'Univers était formé. Par conséquent, certains scientifiques et cosmologistes non religieux soupçonnaient que l'Église se mêlait de ces phénomènes qui ne pouvaient être expliqués que par la science.

Mais alors, cette idée rebondissait et en même temps remplissait d'une certaine façon le cortège d'événements, jusqu'à ce que l'idée de Georges Lemaitre soit acceptée par la plupart des scientifiques et des cosmologistes, et tous ont accepté de l'appeler, la théorie du Big Bang. Parce que cette théorie s'inscrit parfaitement dans l'explication de l'origine de la matière à partir de l'énergie. Mais encore une fois, que cette théorie s'éloigne de l'idée des religieux, qui n'obtiennent toujours pas leur créateur par le biais de cette proposition. Ainsi, encore une fois, on soulève des idées que beaucoup de religieux ne partagent plus avec les scientifiques et les cosmologistes, parce que la théorie du Big Bang elle-même ne prouve pas l'existence d'un créateur. Et il semble que Dieu doive apparaître sur la scène comme un fait obligatoire, ou qu'il parvienne à plaire à l'immense nombre de religions, malgré le fait que l'espèce humaine est unique, c'est-à-dire qu'elle navigue sur le même radeau. Par conséquent, il ne devrait pas y avoir de revers, pour voir qui a vraiment raison. Parce qu'en fin de compte, quelle que soit la réponse, la race humaine restera la même race humaine, sans qu'il soit nécessaire d'avoir une préférence pour l'une ou l'autre.

Cependant, il y a encore des doutes que la théorie du Big Bang n'a pas été en mesure de dissiper, et les scientifiques commettent également des erreurs lorsqu'ils tentent de dissiper ces doutes. Par exemple, si nous disons que le point avait une haute densité de matière, parce que philosophiquement il est supposé que toute cette matière était concentrée en un seul point. Mais en plus, le Big Bang suppose que l'énergie est née parce que ce point était extrêmement chaud. Le grand doute est donc : d'où vient cette énergie qui a chauffé ce point ? Ou comment la matière a-t-elle réussi à s'intégrer jusqu'à une densité élevée à ce moment-là ?

Mais c'est ici, où les erreurs des grands scientifiques surgissent, parce qu'expérimentalement il peut être démontré, que lorsque les particules se déplacent à une grande vitesse, elles créent elles-mêmes de la masse. Et c'est ce phénomène que la théorie de la relativité d'Albert Einstein a prouvé expérimentalement. Mais Albert Einstein s'est arrêté, parce qu'il s'est concentré uniquement ou pour regarder le phénomène de la création de masse, comme dans un concept qui semble être au lieu d'un scientifique plutôt philosophique, parce qu'Einstein s'est consacré à analyser ce phénomène, seulement du point de vue mathématique, et non de la réalité scientifique, qu'une particule en mouvement crée sa masse.

Ou disons qu'Einstein n'a vu qu'avec son équation, le moment où le mouvement d'une particule est inférieur à la vitesse à laquelle la lumière se déplace. Mais Einstein n'a pas considéré la masse qui se forme lorsque la particule se déplace plus vite que la lumière. Peut-être, parce que dans le raisonnement d'Albert Einstein, l'idée était encore bien ancrée, que l'Univers était statique, et que seules les particules qui se déplaçaient plus vite étaient celles de la lumière, qui se déplaçaient sous la forme de faisceaux appelés photons. Et c'était ainsi pour Einstein, parce que les mathématiques indiquaient à Einstein que si les particules se déplaçaient plus vite que la lumière, alors la masse créée serait imaginaire, ce qui était une des grandes erreurs d'Albert Einstein.

Mais Albert Einstein réussit à faire enlever cette erreur par Wolfgang Pauli, Georges Lemaitre, Peter Higgs et Stephen Hawking, pour ne citer que ces quatre-là, en tant que scientifiques les plus célèbres, car avec leurs idées, ils ont changé la vieille façon de penser, ou le concept que l'humanité avait de l'origine de l'Univers. Et le boson de Peter Higgs continue d'être l'espoir pour les religieux qui, patiemment, continueront à attendre leur créateur dans le radeau.

Mais c'est en observant la logique du phénomène que le mystère peut être résolu, mais pas aveuglément avec le concept incarné uniquement en mathématiques. Et c'est à partir de l'équation d'Einstein que nous avons déduit une équation qui explique de façon plus claire ou plus évidente, comment l'Univers a été formé à partir de rien. Parce qu'il suffisait d'une toute petite particule qui commençait à se déplacer en spirale, et à partir de celle-ci, d'autres se formèrent, qui ne pouvaient pas encore se manifester sous forme d'énergie, car cet espace était trop petit. Et ces particules qui existent encore, nous avons dû les appeler almatrinos, parce qu'elles ont la propriété physique, si on peut les appeler ainsi, de ne pas avoir de masse au repos. Et avec le nouveau concept des nombres virtuels, on peut dire que ces particules sont si petites qu'elles ne pourront pas être détectées. Mais cela répond à l'un des doutes que ne peut expliquer la théorie du Big Bang, comme l'existence de 74% de l'énergie indétectable de l'Univers, et de 22% de la masse qui ne peut être détectée non plus. Et c'est pourquoi on l'appelle respectivement énergie et masse sombre. Et cette équation, c'est ce que nous représentons de la forme :

$$U = m_0 C^3 / E$$

Ce qui est plus logique, car lorsque l'énergie E était très faible, la vitesse tangentielle U de la particule devenait infinie, et la masse m était formée de la masse au repos m_0. Et comme il est raisonnable, c'est à partir des nombres virtuels que l'on peut dire que dans cette équation, m_0 n'était pas zéro, mais quelque chose de trop petit, ou moins que zéro. Et c'est à partir d'ici, ou à ce moment précis, que l'on commence à se référer à des quantités ou des valeurs qui, mathématiquement, peuvent être trop petites ou indétectables.

Par exemple, un quantum de charge électrique est si petit que nous ne pourrons pas le détecter par la désintégration de l'électricité, quelle que soit la minutie avec laquelle ce fractionnement est effectué. Ou que nous ne nous rendons toujours pas compte que l'air qui entre par notre nez, est formé par des molécules, et que nous ne pouvons percevoir que parfois sans objection, que cette substance est l'air. Mais supposons, par exemple, que dans une ampoule de 110 volts et 100 watts, des charges élémentaires entrent par le filament 6×10^{18} par seconde. C'est donc un vrai problème d'imaginer un monde aussi petit que celui des Almatrinos. Mais c'est avec le concept de nombres virtuels que l'on peut désormais se déplacer dans un espace aussi vaste, allant du moins infini au plus infini $(-\infty, +\infty)$.

De telle sorte que les scientifiques ont fait de leur mieux pour élucider les mystères de la création de l'Univers, mais malgré les milliards d'années qui se sont écoulées depuis lors, les scientifiques ont découvert qu'il existe une séquence logique, ou que ce qui reste est une trace après chaque événement. De telle sorte que tout événement survenu dans ce laps de temps, laissera une image comme une trace, qui peut être utilisée pour développer un modèle mathématique, avec lequel cette trace peut être laissée définitivement imprimée, pour pouvoir expliquer, comment il a été cet événement évolué.

Et pour cette modélisation, l'invention des mathématiques a été très utile, car c'est le modèle mathématique, qui nous permet de capturer ou de graver sur papier, ou comme une empreinte ou un sceau, la forme de la façon dont les événements ont pu se produire, de sorte que nous puissions ensuite nous asseoir pour contempler, analyser ou imaginer rétrospectivement, comment cet événement est arrivé, afin de pouvoir le projeter vers un moment précis ; ou même vers un moment qui est devant dans le temps.

Mais avec le concept de temps, comme avec les mathématiques, il ne s'agit que d'un élément auxiliaire en sciences, puisque nous ne pouvons pas dire qu'il y a des mathématiques ou du temps. Parce que nous ne pourrons pas les peser ou les saisir de manière physique. Par exemple, nous ne pourrons pas tenir dans nos mains une fonction mathématique, ni deux secondes de temps pour savoir comment ils sont ou combien ils pèsent. Mais les mathématiques construisent automatiquement toutes les combinaisons de nombres que nous pouvons supposer, ou celles que nous ne pouvons pas imaginer, parce que nous n'avons qu'à découvrir ces combinaisons complexes. Et dans cette recherche incessante parmi les mathématiques, nous pouvons être pris par des raccourcis, ou nous ne serons pas en mesure d'expliquer quelque chose qui n'existe pas vraiment.

Et en termes de temps, chaque événement qui s'est déjà produit ne peut plus se produire de la même manière. Il sera donc impossible de revenir à une configuration du passé, parce que cela ne se reproduira plus ou ne sera plus sous la même forme. Et c'est une autre erreur que Stephen Hawking a commise, lorsqu'il a déclaré que nous devrions être prudents lorsque nous voyageons dans le temps, parce que lorsque nous rencontrons notre origine, nous pourrions certainement mourir.

Ce serait donc comme un suicide énergétique, ce qui est totalement illogique ou impossible.

Mais la réalité, c'est que nous avançons à un rythme que nous pouvons déjà imaginer, et vers une fin inconnue, même si nous savons que cette fin est dans le plus infini (+∞). Mais nous disons inconnu, parce que nous ne saurons pas comment ces événements vont se produire. Par exemple, l'humanité détruit la Terre, mais ce n'est pas la faute de l'Univers. Bien que ce que nous ne soyons pas en mesure de prédire exactement, c'est comment, ou quelles seront ces conséquences, en termes d'équilibre du système solaire.

Et tout ce qui se passe dans ce domaine sera imprévisible, parce que nous ne pourrons nous adapter qu'à une impulsion ou à un rythme imposé par le développement ou la croissance de l'Univers, qui va dans une boussole que nous ne pourrons pas arrêter. Parce que dans ce cas, seules deux formes sont produites qui peuvent être ressenties et mesurées : l'une est l'énergie et l'autre variable est la distance. En effet, l'Univers s'éloigne dans chaque fraction de son point d'origine ; mais en même temps, il se nourrit de l'énergie qu'il se crée lui-même ; et il a seulement besoin que l'Univers soit en mouvement constant.

Quant à l'être humain, il ne vit qu'avec une vitesse référentielle nulle par rapport à un corps qui se déplace au même rythme que l'Univers. Puisque l'être humain ne roule que sur le corps de la Terre, qui se dirige vers un cap inconnu. Mais nous savons que c'est dans le plus infini. Et en nous tenant debout ou en nous déplaçant à vitesse nulle par rapport à la Terre, cela nous offre la possibilité de faire quelque chose en ce moment, et à ce point de l'Univers, d'où nous percevons que l'Univers est immobile.

Ou, par exemple, c'est ce qui permet à l'être humain de pouvoir mesurer un certain laps de temps, qu'il appelle temps. Et avec ce concept du temps, l'idée d'un Univers statique prend encore plus racine, parce qu'on vit avec une illusion de façon cyclique. Ou l'être humain vit piégé dans ses propres idées créées. C'est-à-dire, enfermé uniquement dans l'idée du temps et des mathématiques. Et il croit, par exemple, que les événements se répètent. Nous pouvons donc toujours célébrer Noël, mais ce Noël n'est pas le même, parce que Noël ne s'est produit qu'une seule fois. Ou il est impossible de revivre le même lundi, ou le même samedi, parce que le lundi et le samedi n'existent pas, mais sont imprimés de façon cyclique, sur un carton appelé calendrier.

Mais peut-être que cette idée est venue, parce que la rotation de la Terre nous donne l'illusion qu'il y a jour et nuit, alors qu'en réalité, ce que nous faisons tourner est fixé au même point qui passe par un autre point où il n'y a que de la lumière, car il n'y a aucune ombre, et puis par un autre, où il n'y a aucune lumière car ce n'est que de l'ombre.

2

L'IDÉE GÉOCENTRIQUE

Peut-être que l'emplacement fixe d'un point sur Terre était une déduction clé, ou une déduction qui correspondait à la logique de l'imagination, pour les anciens Grecs de penser que le Soleil tournait autour de la Terre. Parce que si nous essayions de voir le phénomène pendant la nuit, nous serions certains que la Terre est celle qui tourne autour du Soleil, mais il nous est impossible de voir le Soleil lorsque nous passons dans la zone d'obscurité. Mais si nous pouvions courir dans la même direction et à la même vitesse que la Terre tourne autour du Soleil, alors nous vivrions éternellement dans le point d'illumination. Ou que pour un observateur se tenant à la surface de la Terre, un satellite géostationnaire, il serait perçu comme si le satellite était situé à un point fixe dans le ciel illuminé. Ou nous ne vivrions plus à une vitesse nulle par rapport à la Terre, mais nous nous déplacerions à la même vitesse que la Terre autour du Soleil. En d'autres termes, il semble en fait que nous sommes comme une virgule flottante à la surface de la Terre. Il s'agit d'une technique de déplacement géostationnaire, qui est utilisée précisément dans les satellites, et qui nous donne l'impression que les satellites sont fixés en un point par rapport au Soleil ; ou dans lequel le satellite reste statique ou debout sur ce point. Donc, pour quelqu'un qui monte sur le satellite, il n'y aura pas de jour ni de nuit. Mais on y parvient en faisant bouger le satellite dans la même direction et à la même vitesse que la Terre par rapport au Soleil. Ou si vous voulez, montez et essayez de grimper un escalier mécanique, où les marches montent. Et si vous essayez de descendre à la même vitesse que vous montez la marche, vous remarquerez qu'il semble que vous vous tenez sur la même marche, mais vous ne montez pas parce que vous flottez. Ou l'autre exemple, c'est quand vous faites du jogging sur une bande transporteuse ; et en fait vous faites du jogging mais sans bouger du site, parce que ce qui bouge c'est la bande transporteuse.

Et c'est ainsi qu'on pensait que le Soleil tournait autour de la Terre. Une idée qui vient des penseurs de la Grèce antique, ou ce qu'on appelle aussi le géocentrisme, ou plutôt la géosynchronisation. Mais c'est cette confusion qui a conduit l'astronome Claudius Ptolémée au deuxième siècle à formuler une description des conclusions de l'astronomie grecque, ce qu'on appelle l'hypothèse de Ptolémée, ou hypothèse géocentrique. Mais c'est l'erreur de ce raisonnement qui a maintenu cette idée vivante pendant longtemps. Et à cause de cette erreur, on a supposé que la Terre était fixée au centre de l'Univers, tandis que le Soleil, la Lune et les étoiles se déplaçaient tous autour de la Terre. Et c'était une idée acceptée pendant près de mille cinq cents ans, ce qui suffisait à influencer non seulement la manière d'interpréter la science, mais aussi l'astronomie et la philosophie. Mais en fin de compte, cette théorie s'est avérée très complexe, mais en plus, elle ne pouvait pas s'adapter à un nombre toujours croissant d'observations d'autres penseurs. Et cela, sans aucun doute, a été l'une des erreurs qui a duré le plus longtemps avec la race humaine, et a été commis par l'astronome grec Claudio Ptolémée.

Cependant, au 16ème siècle, Copernic a renversé l'idée géocentrique et a suggéré qu'une description plus simple des mouvements célestes pourrait être faite, en supposant que le Soleil était fixé au centre de l'Univers. Et avec cette nouvelle théorie de Copernic, la Terre n'était qu'une planète tournant autour du Soleil, tandis que les autres planètes avaient des mouvements de rotation similaires à ceux de la Terre. Et ce sont ces controverses entre les deux théories qui ont forcé les astronomes à étudier de plus près la nouvelle idée d'héliocentrisme de Copernic et de Ptolémée's géocentrisme. Tel serait le cas de Tycho Brahe, qui serait le dernier grand astronome à effectuer ses recherches sur l'héliocentrisme, mais l'erreur est que Brahe n'avait pas l'aide d'un télescope.

Jusqu'en 1609, Galilée a utilisé un télescope construit par lui ; et avec ce télescope, Galilée a découvert les lunes de Jupiter et les phases de Vénus. Par conséquent, c'était Galilée et non Brahé, qui est devenu le défenseur des idées de Copernic. Jusqu'à environ vingt ans plus tard, un assistant Brahe nommé Johannes Kepler, a trouvé des preuves importantes à partir des données de Tycho Brahe, sur le mouvement des étoiles. Cela a fait Johannes Kepler établir ses trois lois qui ont examiné le mouvement des planètes autour du Soleil. Ou nous pouvons conclure que c'était Copernic qui a obtenu ses idées de l'erreur de Claudius Ptolémée. Mais l'erreur de Nicolas Copernic, comme celle de Brahe, est qu'ils n'avaient pas de télescope pour regarder et explorer l'espace, utilisant un télescope pour marquer un point fixe ou de référence dans l'espace.

Mais c'était aussi une autre erreur, parce que l'idée erronée que l'Univers était statique était établie depuis longtemps dans l'esprit des scientifiques. Il a même fait faire la même erreur à Albert Einstein, qui proposait dans la loi de la relativité, d'introduire une constante cosmologique afin d'expliquer pourquoi l'Univers était statique. Mais Einstein a retiré cette idée en 1931, après qu'Edwin Hubble eut observé le décalage rouge des galaxies, ce qui a confirmé que l'univers n'était pas vraiment statique. Et en 1930, Eddington a démontré que l'Univers statique de la relativité avec une constante cosmologique n'avait aucune logique.

Cette nouvelle constante n'était donc pas justifiée, mais elle a été proposée par Einstein, afin d'obtenir un résultat qui, à l'époque, était jugé nécessaire. Et quand l'évidence de l'expansion de l'Univers par Hubble a été présentée, on dit qu'Einstein est allé jusqu'à déclarer que l'introduction d'une telle constante était la "pire erreur de sa vie". Et il a été écrit pour la première fois par le physicien George Gamow dans un article publié en septembre 1956 dans la revue Scientific American que la constante cosmologique d'Einstein était une " erreur ". Mais cette publication a été publiée un an après la mort d'Einstein, qui a quitté la Terre, et nous ne savons pas où, en avril 1955.

Mais comme les Grecs, tout cela faisait partie d'une philosophie, jusqu'à l'apparition de la méthode expérimentale proposée par Francis Bacon. C'est-à-dire, c'est la philosophie qui est sortie de la scène, lorsque Galilée est apparu avec son célèbre télescope. C'est peut-être pour cela qu'Albert Einstein qualifia Galilée de père de la physique expérimentale, car en étant capable de voir vers un point extérieur depuis la Terre, Galilée a pu prouver expérimentalement que la Terre tourne effectivement autour du Soleil. Et puis William Herschel émergerait avec un télescope plus puissant que celui de Galilée. Ainsi, avec ce télescope, Herschel a pu voir et explorer un monde plus loin que nous ne l'avions imaginé. Ou même Herschel prétendait que le Soleil est en fait une planète immense sur laquelle la vie existe, parce qu'il pouvait voir entre les tempêtes solaires quand elles s'ouvraient comme des rideaux. Mais c'est peut-être là qu'Albert Einstein vit avec son corps énergique.

Mais entre le monde de la philosophie et celui de la science, c'est que nous avons évolué avec des théories et des expériences, pour expliquer les mystères de l'Univers. Des mystères qui, une fois découverts, s'avèrent compréhensibles et simples. Mais peut-être, cette complexité est présentée, quand nous essayons de capturer le phénomène ou ce mystère à l'aide d'un modèle mathématique. Parce que c'est la même chose que les langues ; car à travers elles, nous ne trouvons toujours pas comment exprimer exactement nos sentiments, et nous devrons utiliser le geste pour nous aider à exprimer ce que nous ressentons réellement. Mais nous ne pourrons pas écrire le geste, donner ou exprimer un contenu émotionnel aux mots écrits dans notre langue.

Et de la même manière que pour la science, le langage mathématique est encore plein d'imperfections, ce qui ne nous permet pas d'expliquer un grand nombre de phénomènes, si nous nous basions uniquement sur le langage mathématique, sans faire un geste envers le phénomène. Mais soutenu par le langage imparfait des mathématiques, c'est ce qui a poussé les grands scientifiques à se laisser guider par une série d'erreurs, que peut-être quelqu'un, par la combinaison de la philosophie et de la logique, c'est-à-dire, avec pensée et discernement, peut expliquer les phénomènes cosmiques d'une autre manière. Même sans avoir besoin de mathématiques. Mais de cette façon, un plus grand nombre d'adeptes est également capturé, lorsque ces adeptes n'ont pas leurs propres critères. Comme cela pourrait être le cas de la grande quantité de religions qui existent.

Mais encore une fois, les scientifiques tombent dans l'erreur de penser que si quelque chose ne peut être apporté à un modèle mathématique, c'est parce que le phénomène n'existe pas. Ou sans raisonnement dans l'évidence du phénomène. Mais c'est ce qui nous oblige à introduire dans le phénomène, d'autres termes, comme que la masse est imaginaire. Alors que certains principes, comme le principe d'exclusion de

Wolfgang Pauli, sont basés sur une interprétation logique, qui serait plus compliquée à interpréter, si nous pouvions l'expliquer par un langage ou un modèle purement mathématique. Cependant, nous acceptons tous le principe d'exclusion de Pauli par la logique.

Et quand l'être humain pense quelque chose pour essayer de résoudre le problème d'un certain phénomène, la science est celle qui l'oblige, de sorte que par la logique et la preuve expérimentale, la pensée a validité en déduction ; ou de sorte que cette idée peut être saisie au moyen d'une fonction mathématique, et avec laquelle, une solution peut être trouvée ou une nouvelle loi ou un principe qui décrit le phénomène peut être proposé.

Par exemple, la fonction mathématique la plus simple est $y=mx+b$. De telle sorte que tout mathématicien puisse en déduire que cette fonction correspond à une droite. Alors qu'un physicien dirait que le phénomène peut s'expliquer par une ligne droite. Parce que c'est la dépendance ou la relation entre la variable "y" et la variable "x". Puisque "m" est la pente de la ligne ; et "b" est le point par lequel la ligne passe sur l'axe "y". C'est-à-dire, nous pouvons dessiner la fonction sur papier. Et si "b" passe par l'origine, alors $b=0$ et l'équation devient plus simplement $y=mx$. Et avec cela, nous ne pourrons pas changer le phénomène, mais seulement l'expliquer. Et pour expliquer des phénomènes plus complexes, il faut les représenter par d'autres fonctions plus déroutantes.

Et ainsi, que chaque phénomène aura son degré de confusion, jusqu'à ce qu'avec l'aide de la philosophie, nous puissions résoudre le mystère d'un phénomène, que nous n'apprécions pas, quand nous ne pouvons l'expliquer au moyen d'un modèle mathématique. Mais le phénomène continuera d'exister. Et c'est dans ce concept que se fondent les philosophes et les religieux qui disent que le fait de ne pas pouvoir démontrer l'existence de Dieu ne signifie pas de manière catégorique que Dieu n'existe pas. Seulement qu'il sera encore invisible ; ou nous ne pourrons pas le voir, parce qu'ils disent philosophiquement que Dieu est vraiment dans tout ce qui existe, pour que nous puissions le voir partout. Et le religieux dit : vous ne pouvez pas Le voir, mais le voilà....

Mais aussi du point de vue des scientifiques, cet attirail entre le philosophique et le scientifique, sert par exemple à expliquer le mouvement d'un seul électron autour d'un noyau, comme l'atome d'hydrogène. Et c'est Erwin Rudolf Josef Alexander Schrödinger, qui a voulu prendre ce phénomène simple à un modèle mathématique. Mais cette fonction est si complexe qu'en fin de compte, le but ou l'idée de la fonction mathématique n'est pas compris non plus. Mais l'exemple est pathétique, parce que Schrödinger lui-même ne comprendrait pas sa fonction mathématique, parce que le seul qui pouvait le comprendre était Max Born, qui pouvait déduire que cette fonction exprimait la probabilité de trouver le seul électron dans un lieu donné et un moment donné autour du seul noyau hydrogène. Ainsi, Max Born a reçu un prix Nobel, qui aurait pu être pour Schrödinger. Mais Schrödinger a trouvé impossible ou difficile d'amener son modèle à l'atome d'hélium, c'est-à-dire deux électrons tournant autour d'un noyau avec deux protons. Et c'était sans aucun doute la grande erreur de Schrödinger.

Mais peut-être l'autre que nous pouvons mentionner ici est le cas du jeune mathématicien vénézuélien Ramses Cornieles, qui a résolu le problème de la division par zéro. Mais c'était quelque chose que Ramsès n'a peut-être pas compris non plus. Cependant, il m'a permis de déduire à quoi ressemblait l'Univers avant le temps zéro. Mais ce ne sont peut-être là que quelques-unes des erreurs que les grands scientifiques ont commises, parce qu'ils ne font que suivre la voie mathématique, mais ils ne se soucient pas de chercher une solution, observant directement dans la logique de la nature et la raison pour laquelle le phénomène se produit de cette façon. Et ce qui ne peut être expliqué par les mathématiques est alors donné le titre de "...mystère de la science...", ou tous les médecins qui ne trouvent pas l'origine d'une maladie attribuent immédiatement la cause de toute cette culpabilité au stress.

C'est-à-dire des scientifiques qui ont la capacité d'analyser un phénomène, mais qui non seulement le laissent dans leur esprit, mais qui doivent l'amener à un modèle mathématique, pour que d'autres l'évaluent et le valorisent, ou pour que d'autres le reconnaissent ou le rejettent. Par conséquent, pour pouvoir imprimer graphiquement la solution, ils doivent utiliser un langage mathématique. C'est comme composer une mélodie, mais on ne sait la jouer qu'avec un instrument de musique. Il était donc nécessaire d'apprendre à écrire de la musique sur une portée, afin que d'autres puissent modifier la mélodie, et la jouer, même si elle est dans une forme similaire à l'originale.

Et de la même manière, le scientifique doit utiliser les mathématiques pour donner de la cohérence à sa théorie, ou pour être capable de démontrer que sa pensée a une base logique solide, ou un sens valable. Et si la preuve peut être répétée sans erreurs, alors probablement la philosophie périt à ce moment-là, tandis que la théorie prend vie, et deviendra ou fera partie d'une Loi, et alors si elle n'a pas d'objection, ce sera un principe. Parce que les lois peuvent effectivement être violées, mais les principes sont inviolables. Par exemple, le principe du feu est de brûler, mais le feu ne peut pas violer son principe de brûler, et peu importe si ce qui est brûlé est un enfant ou une forêt avec sa belle faune.

Mais c'est à d'autres scientifiques de concevoir des expériences complexes afin de vérifier la validité des théories des scientifiques théoriques, et ils sont appelés des scientifiques pratiques. Mais une expérience peut être très simple : par exemple, faire rouler deux balles lourdes sur une rampe inclinée, et si vous n'êtes attentif qu'au son, vous remarquerez qu'il est plus rapide à mesure que la balle avance. Par conséquent, nous en déduisons qu'un autre type de force agit sur les sphères, ce qui fait que la vitesse des sphères augmente tout le temps. Et nous appellerons cette force la force d'accélération de la gravité, car si nous la testons des centaines de fois, nous obtiendrons le même résultat. Et nous dirons que c'est cette force invisible qui fait que l'effet est constant, et il vaut mieux l'appeler le Principe de Gravité. Mais c'est le test que Galilée a fait.

Et Galilée fut aussi le premier à essayer de savoir à quelle vitesse la lumière se déplace. Bien que sa pensée était certainement philosophique, et la seule chose qu'il avait à portée de main pour faire référence à la vitesse à laquelle la lumière se déplace, était le son. De telle sorte que Galilée cherchait habilement un instrument, c'est-à-dire un système qui lui permettrait de voir la lumière, mais en même temps d'entendre le son. Et Galilée prit l'exemple du canon. Mais c'est Galilée Galilée, le scientifique qui a dû partir en radeau sur ce radeau au milieu de la tempête, parce que Galilée a dû subir les agressions de l'Inquisition imposée par l'Église catholique, qui a essayé de mettre en garde contre tout ce qui interférait avec leurs croyances. Peut-être, parce qu'ils hiérarchisaient sous la direction du pape, comprenaient-ils que tout argument avancé contre la non-existence de Dieu pouvait affaiblir sa puissance. Mais apparemment, l'Église n'avait pas d'autre choix que d'accepter ces arguments irréfutables, parce que la science pouvait les prouver, à condition qu'une telle théorie les implique ou leur plaise de manière raisonnable, parce qu'ils continueraient à chercher des preuves, qui donneraient un appui scientifique à leurs croyances. Et ce fut peut-être le cas, et la grande erreur commise par le physicien théoricien d'origine britannique, nommé Peter Higgs.

3

LA SCIENCE S'ÉCLAIRCIT

Parce que l'une des erreurs les plus récentes est précisément celle de Pierre Higgs ; parce qu'il considérait que la découverte du boson qu'il a théorisé, devait être appelée la particule de Dieu, parce que son boson est censé avoir la valeur entière zéro. Il est donc raisonnable de penser que c'est le boson qui a initié la création de l'Univers, c'est-à-dire que l'Univers a commencé à se former au temps zéro avec le boson zéro. Mais voici l'erreur de Peter Higgs, parce que s'il était un être suprême qui a créé cette particule avec une énergie très élevée et une densité immense, bien sûr cette énergie créatrice n'aurait pas pu être un boson, car si elle avait été un boson, de ce boson, aurait formé une seule particule. Et il serait impossible de déduire, qu'après la formation d'un boson peut être divisé, pour générer de cela les fermions. Et s'il en avait été ainsi, comme le suppose Peter Higgs, quelqu'un aurait dû créer cette particule, mais quelqu'un aurait dû être le créateur de cette personne.

Mais il est aussi logique de supposer que cette énergie est sortie de nulle part, c'est pourquoi le modèle théorique de Peter Higgs ne peut pas vraiment nous expliquer comment l'Univers a été formé. Et c'est une réalité, que si les particules sont nées de rien, alors ces particules ont été formées d'une origine, où il n'y avait ni énergie ni masse. De telle sorte que les particules qui ont donné naissance à l'Univers ne pourront pas être découvertes au moyen d'un détecteur ou d'un capteur de signaux. Et ce n'est pas parce qu'elles sont cachées derrière un mystère, mais techniquement, il est impossible de pouvoir détecter physiquement ces particules, parce que les détecteurs ne peuvent pas être construits pour qu'ils "voient" pour nous de si petites particules, par le seul fait que ces particules seront invisibles à tout détecteur que vous voulez construire pour les détecter. Et ils ne seraient pas détectables pour plusieurs raisons logiques : par exemple, la conception du système de détection devrait avoir des particules de plus petite taille, ou avec une surface suffisante pour que les particules reposent et rebondissent. Mais cette conception, échappe à toute méthode ou capacité technique de l'expérience.

Et un autre exemple à comparer, c'est que lorsque nous voyons le disque de la pleine Lune, c'est parce que les ondes électromagnétiques qui sortent du Soleil sous forme de lumière, rebondissent contre la surface de la Lune, et dans le rebond, les rayons qui viennent du Soleil, se reflètent vers notre vue. Et la surface rugueuse de la Lune fait dévier les rayons de lumière du Soleil, ou rebondir séparément, c'est-à-dire avec un petit décalage dans le temps et avec une différence d'intensité, grâce à la rugosité de la surface lunaire. De telle sorte qu'à cause de cette dégradation et des différentes intensités, nous pouvons voir des lieux d'intensité lumineuse de plus en plus faible, c'est-à-dire des lieux clairs et des lieux ombragés.

Et c'est ainsi que l'œil électronique d'une caméra ou d'une caméra de télévision peut capturer les différentes intensités du visage d'une personne. Et pour éviter que les rayons de lumière soient réfléchis avec la même intensité, il est nécessaire d'appliquer une substance, qui opacifie la surface brillante du visage de la personne qui va être montré devant la caméra. C'est ce qu'on appelle le maquillage, parce que les zones d'intensité plus forte sont mises à niveau avec celles d'intensité moindre. Mais en bref, c'est la somme de ces différences d'intensités qui fait que ce que nous voyons finalement est le disque de la Lune. Et la surface de la Lune est un objet qui agit comme un miroir, ou a une surface, contre laquelle les rayons des ondes électromagnétiques qui convertissent la lumière rebondissent.

Mais si nous entrons dans des dimensions plus petites, par exemple la Lune étant très petite, cette surface de la Lune ne sera pas suffisante pour qu'un plus grand nombre de vagues rebondissent sur elle. De telle sorte que nous ne pourrons pas voir la surface de la Lune. Dans ce cas, nous devrions placer un détecteur, afin que ce détecteur puisse capter les rayons que nous ne pouvons pas voir ; et qu'il nous montre par exemple, que la surface de la petite lune est comme un disque. Mais si nous voyons des ombres autour d'elle, par exemple lorsqu'une éclipse lunaire se produit, ce qui a un effet semblable à celui de la face de la Lune, alors nous pouvons dire que la Lune a la forme d'une sphère. Mais évidemment, si la Lune était très petite, ce détecteur doit être fabriqué par une substance, qui à son tour peut capturer ces quelques rayons qui rebondissent avec une faible énergie contre la surface de la lune imperceptible. Mais dans ce cas, on peut dire que le boson de Higgs était ou est assez grand pour que les détecteurs le "voient", au moment du rebond, lorsque cette particule a causé une perturbation dans les détecteurs. Ou nous pourrions soupçonner que cette particule détectée ne correspond pas réellement au vrai boson de Higgs. Car avec le peu d'énergie amplifiée, c'est qu'il pourrait être vu réfléchi devant nos yeux dans un écran, ou dans une plaque photographique, ou un autre moyen, qui nous a fait déduire, que c'était bien une particule, et que par sa faible énergie il correspond à le classer comme le boson de Higgs.

Cependant, si les particules sont très petites, ou disons plus petites que les photons d'un rayon de lumière, ces rayons ne pourront pas frapper ces surfaces. Ainsi ces rayons si grands par rapport à quelques très petites particules, ne pourront pas rebondir, car ils ne trouvent pas de moyen ou de surface de support vers un détecteur, quelle que soit sa sensibilité. Par conséquent, nous ne pourrons rien voir, car l'énergie est si ténue qu'il ne suffit pas de perturber la substance photomultiplicatrice du détecteur. En d'autres termes, ces particules peuvent passer à travers n'importe quel détecteur, et ne laisseront aucune trace pour que nous puissions voir indirectement leur existence, et elles resteront invisibles. C'est comme si vous lanciez une pierre pour essayer de frapper la surface d'une pointe d'aiguille. Et cette pierre est si grande que nous n'aurons aucune information sur la forme du centre de la surface de la pointe de l'aiguille.

Ou si l'on va dans ces très petites dimensions, c'est la raison pour laquelle nous n'avons pas pu détecter un grand nombre de neutrinos, mais malgré leur abondance, seuls quelques-uns ont été capturés par un immense réservoir d'eau pure qui se trouve sous terre. Par exemple, dans les mines abandonnées du Japon, où se trouve le laboratoire Super Kamiokande. L'observatoire de Super Kamiokande consiste en un immense étang contenant 50 millions de litres d'eau pure et est situé à un kilomètre sous la surface de la terre. Cet étang est entouré de quelque 11 000 tubes photomultiplicateurs, disposés dans une structure cylindrique, dont les dimensions sont de 40 mètres de haut sur 40 mètres de large. Un muon est une particule massive. De telle manière que rarement un muon interagit avec l'eau et produit un signal bien défini. Tandis que les électrons interagissent avec l'eau pure et produisent comme des pluies de particules supplémentaires. Par conséquent, l'image détectée par les 11 000 tubes photomultiplicateurs ne sera pas un signal défini, et l'image que nous verrons sera floue.

Mais malgré les très grandes dimensions de ce détecteur, ce sera un problème pratique, alors nous concluons que nous ne fabriquerons pas de détecteurs pour voir le signal des almatrinos, car ces particules sont plus petites qu'un neutrino. Et si nous n'avons pas été en mesure de construire des détecteurs pour capturer les neutrinos, nous ne pourrons pas, de par la nature du phénomène, construire de détecteurs pour les almatrinos. Parce que les almatrinos, bien qu'ils soient les plus abondants dans l'Univers, sont les plus petites particules qui existent, et pour cette raison même, que ce sont les particules qui se sont formées initialement, et qui quand elles se sont unies ont donné l'origine de l'Univers. Ils forment, par exemple, 74% de l'énergie indétectable de l'Univers. Mais en plus, ils se sont réunis pour former une quantité de matière qui ne peut pas être détectée non plus, bien que cette quantité soit aussi grande que 22 % de l'Univers. Et à titre de comparaison, nous ne pouvons voir que 4 % de cette matière sous forme de galaxies, d'étoiles et de planètes.

Mais pour en revenir aux erreurs des scientifiques, au mouvement même d'une particule, nous le devons au physicien allemand Ralph Kronig, qui fut le premier à découvrir que les particules ont des mouvements de rotation, que l'on appelle aussi spin. Mais avant d'exposer cela dans une conférence, Ralph Kronig a reçu une lettre de Wolfgang Pauli, pour expliquer à Kronig la nécessité d'attribuer à chaque électron d'un atome, les quatre nombres quantiques. Ce fut l'une des découvertes les plus importantes en physique, dont nous devons la découverte au physicien théoricien d'origine allemande, Max Karl Ernst Ludwig Planck, car c'est Planck qui a découvert que l'énergie des électrons est quantifiée. En d'autres termes, seules des valeurs entières peuvent être attribuées à cette énergie, ce qui a totalement changé le concept d'énergie et la structure des atomes de la science. Et l'énergie quantifiée pourrait expliquer des faits transcendantaux tels que l'ordre ou l'emplacement des atomes dans un tableau périodique, et avec cela, nous pouvons déduire le comportement et la combinaison des atomes dans les molécules pour former la matière. Mais aussi, que cette quantification de l'énergie des électrons, a été ce qui a marqué le développement de la physique quantique, qui a représenté une autre grande avancée dans la science, qui s'ouvrait sur un chemin que Max Planck nous a indiqué.

De telle sorte que Kronig aurait l'idée qu'un électron, en même temps qu'il se déplace autour du noyau dans son orbite quantique, peut le faire tourner autour de lui-même, tout comme la Terre autour du Soleil avec son mouvement de translation, et en même temps tourner sous forme de rotation. Et c'est pourquoi nous avons des jours et des nuits, dont la durée est d'environ 24 heures à l'équateur. Bien que dans les pôles un jour, comme une nuit peut durer six mois, selon l'angle d'inclinaison de la Terre. Mais peut-être parce qu'elle se trouve dans l'influence magnétique entre Mercure et la Terre, et la grande force magnétique de l'immense planète Soleil, Vénus tourne à l'envers. Mais les formes vortex des galaxies nous disent qu'elles tournent dans le sens inverse des aiguilles d'une montre, à moins que les photos ne soient regardées de l'arrière. Mais l'équateur d'Uranus tourne de 90 degrés par rapport aux pôles de la Terre.

Mais Ralph Kronig élaborerait son modèle mathématique, afin de pouvoir expliquer le mouvement de rotation d'une particule en soi. Toutefois, que cette idée de Kronig, était quelque chose qui ferait rire Wolfgang Pauli, puisque Pauli a fait connaître à Kronig, que cette notion de rotation d'un électron sur lui-même, était sans aucun doute une idée ridicule, raison pour laquelle dans la lettre dit Wolfgang Pauli à Kronig, et peut-être d'une manière euphonique ou burlesque : "sans aucun doute, cela me semble une idée très intelligente". Parce que Pauli a également considéré à tort qu'avec ce modèle mathématique de la rotation d'un électron sur lui-même, il a supposé que les particules voyagé à une vitesse plus rapide que la lumière, qui a violé Albert Einstein's loi de la relativité. Et selon Wolfgang Pauli, c'était l'erreur de Kronig. Et peut-être parce qu'il considérait la grande réputation de Wolfgang Pauli et d'Albert Einstein, Kronig s'est découragé, et a fait la grande erreur de sa vie quand il a décidé de la reprendre. Kronig ne voulait donc pas publier ses idées. Mais c'était sans aucun doute une grande erreur de Ralph Kronig, parce qu'il avait raison, car une particule peut, en effet, se déplacer plus vite que la lumière.

Mais bien que Wolfgang Pauli ait commis l'erreur d'y voir une atrocité de Kronig, Pauli a rectifié, pensant logiquement, que Ralph Kronig avait raison. Parce que Pauli a déduit que le mouvement de l'électron devrait également avoir des valeurs quantiques, ce qui l'amènerait à déduire une idée, qui par sa nature logique, est devenu un Principe. Un principe qui est plutôt basé sur un fait raisonné, mais pas sur un modèle mathématique pour le décrire. Parce que c'est à Pauli que nous devons la déduction de la particule que nous avons identifiée comme neutrino, mais cette découverte n'était pas quelque chose théorisée mathématiquement ou au moyen d'un modèle théorique, mais la somme de l'équilibre énergétique ne coïncide pas.

Et c'est en 1930 que Wolfgang Pauli, peut-être déconcerté parce qu'il n'a pas trouvé la solution au phénomène, a proposé qu'il y ait une particule pour pouvoir compenser dans l'équilibre l'énergie qui manquait, de sorte que la particule ne pouvait avoir ni charge ni masse, puisque ce qui manquait était seulement l'énergie. Et Pauli a appelé ce neutron de particule imaginaire. Mais cette idée d'une particule sans charge ni masse ne pouvait pas non plus entrer dans la logique de Pauli, car il était difficile d'imaginer une telle particule avec de telles caractéristiques à cette époque. Jusqu'à ce que le physicien chinois Wang Ganchang, propose l'idée de pouvoir détecter cette particule proposée par Pauli. Et en 1956, les physiciens pratiques Clyde Cowan et Frederick Reines, ont réussi à élaborer une expérience pour découvrir cette particule. Cependant, du fait qu'une particule appelée neutron existait déjà, le physicien Enrico Fermi, peut-être influencé par sa nationalité italienne, propose à Wolfgang Pauli de l'appeler plutôt neutrino, ce qui signifie petit neutron.

Mais pour en revenir au cas de la quantification de l'électron en orbite, Pauli accepte définitivement l'idée de Kronig, et en déduit qu'il doit y avoir des règles logiques qui décrivent le mouvement d'un électron qui tourne en lui-même. Et une série de restrictions imaginatives sont établies, qu'on appelle maintenant, comme on l'a dit, des principes. Et dans ce cas, ce principe est connu sous le nom de principe d'exclusion de Pauli, qui, en raison de l'erreur de Kronig, ou parce qu'il n'étudie pas plus avant la nature du phénomène, n'est pas appelé le principe de Kronig.

Mais la vérité est que quelqu'un a déduit que la théorie de Kronig était mathématiquement valide, ou qu'elle ne violait pas la loi de la relativité d'Albert Einstein, tant que la valeur du nombre quantique était divisée par 2, soit 0/2, 1/2, 2/2, 3/2, 4/2, 5/2... Et de cette façon, le concept d'énergie quantifiée n'a pas été violé, puisque les valeurs 0, 1 et 2 sont des entiers, alors que les autres sont des fractions (+1/2, -1/2, +3/2, -3/2, +5/2, -5/2...). Donc 0/2=0 correspond à la valeur quantique zéro. Alors que 1/2 est une valeur fractionnée qui peut être positive (+1/2) ou négative (-1/2), parce que la rotation de l'une des particules, comme l'exemple de la planète Vénus, est

influencée par celle de l'autre. Et évidemment, pour un électron, nous ne pouvons considérer que quatre valeurs asso-
ciées possibles, qui sont les quatre valeurs quantiques men-
tionnées dans votre lettre, Wolfgang Pauli à Ralph Kronig.

Mais c'est à cause de cette qualité de rotation d'une particule
sur elle-même que la lumière existe, parce que les photons qui
forment la lumière sont des bosons, de sorte que la lumière
peut se former et voyager ; ou rebondir sur des objets sous
forme de rayons séparés, ou sous forme de faisceaux de photons sans fusion entre eux. C'est pourquoi nous pouvons voir
des objets, et pour la même raison, il y a toute la matière dans
l'Univers, parce que les fermions, quand ils tournent, créent
des champs de force qui font que certaines particules se sen-
tent attirées par les autres. Disons que c'est pourquoi il y a des
esprits, des arbres, des insectes, de l'eau, des planètes, de l'air,
des atmosphères, des étoiles, des galaxies, etc.

Cela signifie que si nous imaginons de très petites particules
comme le neutrino et l'almatrino, ce phénomène d'une particule qui tourne sur elle-même, va avoir une importance
énorme, ou que ce mouvement sera transcendantal pour la
formation d'autres types d'énergie, et dans le comportement
de l'énergie qui se transforme en matière, et tout ce qui est
formé dans l'Univers. Ou que l'énergie peut voyager sous
forme d'ondes électromagnétiques polarisées, c'est-à-dire
qu'un champ électrique et un champ magnétique se forment
dans la même onde, car les champs électrique et magnétique
se déplacent à un angle de 90 degrés entre eux. En d'autres
termes, sans s'intégrer en une seule vague. Ainsi, l'onde électromagnétique ne peut passer à travers les obstacles, dans un
phénomène électromagnétique appelé "cage de Faraday".

Et c'est une condition fondamentale pour la formation de la lumière. Parce que la lumière visible est une onde électromagnétique qui ne pénètre pas les objets, mais rebondit contre eux, ce qui est essentiel pour l'effet de la vision des yeux, c'est-à-dire pour pouvoir voir les objets, lorsque les rayons de lumière rebondissent et que nous pouvons recueillir ces rayons par la rétine. Ou, comme on l'a dit, que les caméras de télévision et celles qui capturent une photographie sont basées sur le même principe. Ou disons que cette énergie électromagnétique influence de manière importante la vie, et en particulier la vie quotidienne des êtres humains, comme le montre seulement quelques cas sur la figure 1.

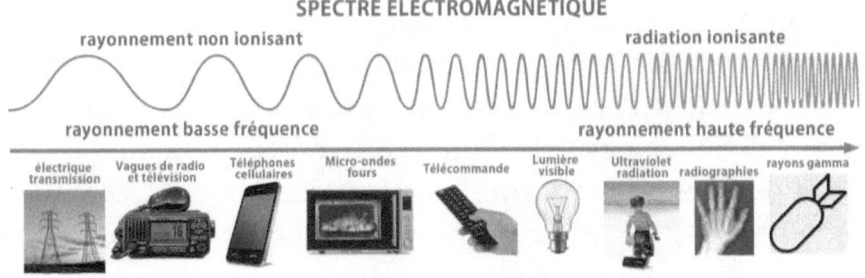

FIGURE 1
LE SPECTRE ÉLECTROMAGNÉTIQUE AVEC SA LARGE GAMME D'ÉNERGIE ET SON INFLUENCE SUR LE COMPORTEMENT DE LA MATIÈRE ET L'EXISTENCE DE LA VIE

Wolfgang Pauli en déduit que les valeurs entières donnent des propriétés physiques différentes aux particules ayant des nombres quantiques différents ; et pour les différencier les unes des autres, l'une est appelée fermion et l'autre boson. Et à la valeur zéro des bosons correspond la particule de Peter Higgs. C'est ainsi que cette particule devint l'une des plus recherchées, car cela impliquerait que c'était la particule à partir de laquelle Dieu a formé l'Univers. Par conséquent, cette particule mériterait l'honneur d'être la particule de Dieu, parce que ce serait avec elle que Dieu a commencé la formation de l'Univers. Et Higgs conclut que c'est à partir de cette particule que l'Univers a commencé à se former.

Mais voici l'autre erreur de Peter Higgs, car ce qu'il n'a jamais imaginé, c'est qu'il y a des particules plus petites que le boson de spin zéro. Et que la rotation n'est qu'une forme de rotation d'une particule sur elle-même, et ces particules peuvent être aussi petites qu'un almatrino, ou aussi grandes que la Terre autour du Soleil, ou le Soleil lui-même tournant avec la Voie lactée ; et cette galaxie tourne de gauche à droite autour d'un groupe de soleils. Mais la forme des tourbillons des galaxies indique que la rotation des galaxies se fait de gauche à droite, ou comme le fait la Terre, comme beaucoup le prétendent de droite à gauche. Mais que ce soit dans un sens ou dans l'autre, cela n'influence pas l'idée que nous voulons expliquer, car si deux galaxies se séparent, l'une tournera vers la gauche et l'autre vers la droite, comme une conséquence naturelle de l'influence du champ électromagnétique.

4

L'INSTANT AVANT QUE L'UNIVERS NE SE FORME

Ainsi, Wolfgang Pauli en déduit, sans avoir de modèle mathématique, qu'un électron ayant une valeur quantique de 1/2 peut tourner indistinctement de gauche à droite ou de droite à gauche comme la Terre. Cependant, lorsqu'il y a deux électrons au même niveau quantique, l'influence du premier peut affecter le second, car la rotation des électrons a créé un champ électromagnétique qui fait tourner ce second électron dans le sens opposé au premier. C'est-à-dire de gauche à droite ou de droite à gauche, pour laquelle la rotation peut prendre des valeurs (-1/2) ou (+1/2). Parce que les valeurs positives et négatives sont affectées relativement. Alors qu'un boson ne peut pas en lui-même créer un champ électromagnétique, parce que les bosons n'ont pas un sens spécifique dans la rotation. Ainsi, le premier boson ne peut pas affecter un second boson qui est dans la même orbite. Et ces particules qui ont des valeurs fractionnaires de leurs valeurs quantiques sont appelées fermions en l'honneur d'Enrico Fermi.

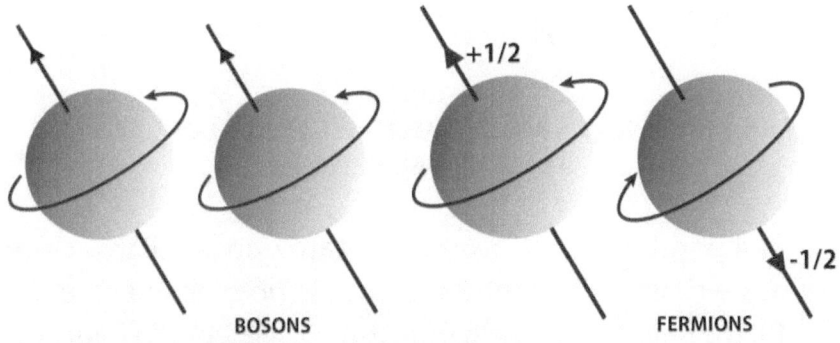

BOSONS   FERMIONS

FIGURE 2
**LES BOSONS PEUVENT TOURNER AVEC DES VALEURS QUANTIQUES
ENTIÈRES, TANDIS QUE LES FERMIONS ONT UN NOMBRE
QUANTIQUE FRACTIONNAIRE, ET LA ROTATION DE L'UN D'EUX
INFLUENCE LE SENS DE ROTATION DE L'AUTRE**

Mais Pauli continue de déduire que si deux électrons occupaient la même orbite avec le même nombre quantique, leur forme de rotation ne pourrait pas être dans la même direction.

Ce serait donc un mouvement impossible, car une particule en mouvement génère, comme on l'a dit, un champ électromagnétique qui aura une influence sur l'autre particule, comme le montre la figure 3.

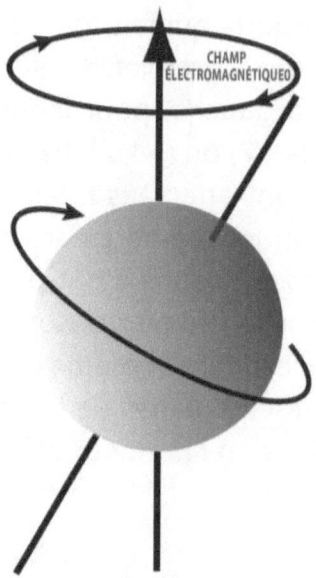

CHAMP ÉLECTROMAGNÉTIQUEO

FIGURE 3
LES FERMIONS EN MOUVEMENT GÉNÈRENT DES VAGUES ÉLECTROMAGNÉTIQUE

Et c'est à partir de ce mouvement rotatif que les charges électriques de deux pôles sont générées : le pôle positif et le pôle négatif. De telle sorte que le Principe d'Exclusion de Pauli, établit de manière logique, que deux fermions qui tournent dans la même direction, ne peuvent pas occuper la même orbite, ou qu'ils ont le même nombre quantique, car de manière logique que ces deux particules se condensent, et deviennent un boson. Mais de toute façon, même hypothétiquement, ce genre de mouvement dans le même sens de rotation de deux électrons dans la même orbite serait un fait impossible. Ou comme exemple, de Vénus tournant dans la direction opposée entre les orbites de Mercure et de la Terre.

Le terme boson a été suggéré par le physicien anglais Paul Adrien Maurice Dirac, lorsqu'à l'Université de Dhaka en Inde, il commémore l'anniversaire de la contribution du professeur de physique de l'Université de Calcutta et Dhaka Satyendra Nath Bose. Bose est né le 1er janvier 1894 dans une famille bengali de classe moyenne. Et dès son plus jeune âge, Bose montrait déjà des signes de son génie. Mais une anecdote intéressante est que ce jeune élève s'est vu attribuer dans ses notes en mathématiques une valeur de 110 sur la maxime de 100. Et les dix points supplémentaires lui ont été accordés, parce que Bose a non seulement répondu correctement aux questions, mais il a répondu à d'autres questions de plus d'une façon. Et en l'honneur de Bose, c'est le physicien légendaire Paul Dirac qui a proposé le mot boson pour cette particule que Bose a découvert avec ses statistiques, qui a ensuite été appelé Bose-Einstein théorie.

Comme deux particules entières, elles ne génèrent pas de charges électriques et peuvent donc occuper la même orbite. Mais ils fusionneraient pour former une autre particule avec plus d'énergie, c'est-à-dire : 1+1=2 qui correspondrait à un boson de valeur entière 2. La valeur +1, -1, +2 et-2 bien qu'ils puissent être considérés mathématiquement, en fait d'une manière physique que leur sens de rotation n'aurait pas beaucoup d'importance, ce qui est différent de la particule tournant dans la même orbite avec des valeurs -1/2 et -1/2 qui donne 1, ou que +1/2 plus +1/2 est également 1, qui sera un boson car elle correspond à une valeur entière.

Par exemple, les photons qui forment la lumière sont des bosons, que l'on appelle aussi particules de force, parce qu'ils condensent ou intègrent l'énergie, comme par exemple les gluons, où apparemment un troisième pôle électrique apparaît. Un autre exemple est la force de gravité ; bien que pour l'expliquer, le graviton est proposé. Ou n'importe quel noyau qui a comme valeur du spin un nombre entier, et évidemment que les bosons ne remplissent pas le principe d'exclusion de Pauli. Et l'autre particule qui a aussi un spin zéro, à part le boson de Higgs, s'appelle pion. Et l'importance dans la vie, qu'on l'appelle vie physique ou spirituelle, c'est que les électrons, les neutrons et les protons sont des fermions, tandis que les photons qui forment un faisceau de lumière sont des bosons, comme on l'a mentionné, et les bosons constituent les forces qui les intègrent. Et dans les noyaux se trouvent les gluons, c'est-à-dire que les bosons empêchent la matière et la lumière de se désintégrer.

Et selon l'intensité de ces forces, les électrons restent en rotation autour de la matière formant les noyaux, c'est-à-dire, par exemple, toutes les formes de vie. De telle sorte que cette propriété des particules fermions et bosons, détermine nécessairement notre forme de vie et dans la vie même de l'Univers, car le résultat de cette interaction, est ce qui forme un spectre d'un faisceau de photons à une certaine température d'équilibre, qui possède un spectre de Planck. Et un exemple de ceci est le rayonnement du fond cosmique des micro-ondes, qui sont les traces ou les témoins qui nous permettent de remonter dans le temps, d'avoir une idée de la façon dont l'Univers a pu être au début, ou même avant que l'Univers soit formé.

C'est par ce principe naturel que nous disons que les particules qui ont créé l'univers ne peuvent être des bosons mais des fermions, car lorsque les particules tournent, elles créent un champ électromagnétique, comme le montre la Figure 3.

Donc, si les particules qui se sont formées au début étaient des bosons, la matière ne se serait pas formée, car il n'y aurait pas eu de charges électromagnétiques, aussi appelées charges électriques, qui sont les forces qui maintiennent le mouvement. Par exemple, tout appareil électronique, une automobile ou les immenses turbines d'une centrale hydroélectrique, ne fonctionnent que lorsqu'une charge électronique circule dans son circuit du pôle négatif au pôle positif. Ou comme il a été dit, sans les fermions, les esprits n'existeraient pas. Et dans l'Univers il n'existerait qu'une seule intelligence, que Peter Higgs appellerait Dieu. Mais la vérité est qu'il y a de la matière, et des infinités d'êtres qui se déplacent comme des esprits ou des énergies intelligentes : se nomment oies, chiens, chats, poissons, araignées, serpents, virus, microbes, spermatozoïdes, plantes et ainsi de suite. Mais il y a aussi la Terre, donc l'Univers a été formé de fermions mais pas seulement de bosons.

Et certaines intelligences sont devenues conscientes d'elles-mêmes, comme les êtres humains. Tandis que d'autres apprennent à être, comme dans le cas des singes, ratons laveurs, blaireaux, chiens de berger, cochons, corbeaux, éléphants, chats, dauphins intelligents et taupes. Tous font preuve d'une certaine maîtrise énergétique et de la capacité de se souvenir, ce qui est fondamental, car la mémoire est nécessaire au processus d'évolution. De telle sorte que les almatrinos sont en fait des fermions, parce que de nombreuses formes d'esprits indépendants se sont formées ; et nous concluons, que les almatrinos ne peuvent pas être des bosons. Et nous pouvons dire que sans bosons il n'y aurait pas de lumière ; et sans fermions il n'y aurait pas de matière, et sans les deux particules il n'y aurait pas d'Univers.

Mais l'erreur de Peter Higgs, à laquelle nous avons fait référence, est qu'il n'a pas pris en compte la relation des nombres virtuels, parce qu'effectivement, le problème ne cessera pas d'exister simplement parce qu'il ne peut être représenté par une fonction mathématique ou une formule. Parce que les mathématiques, comme on l'a dit, ne sont qu'un outil que la science utilise pour saisir une explication ; et la solution d'un phénomène est en fait réelle ou vraiment réelle, et il n'y a aucune autre alternative.

L'erreur de Peter Higgs a donc été de considérer 0*2=0, mais selon Higgs, rien de moins que 0 ne peut exister, donc, de là ou à partir de zéro, la création de l'Univers aurait dû avoir lieu. Mais aussi, qu'il fallait que quelqu'un soit intervenu pour commencer cette création. Mais selon ce que nous considérons dans le Livre "L'Univers avant le Temps Zéro" ; 0*2=0 nous pouvons aussi l'écrire comme 0/0=2. Mais tout aussi bien que 0/0=1 ou 0/0=1/2, ce qui, bien sûr, n'aurait aucun sens d'un point de vue purement mathématique, car il serait équivalent à dire que 2=1 ou que 2=1/2 ou ½=1. Ou n'importe quelle division faite par zéro donnerait des valeurs différentes.

Mais le jeune mathématicien vénézuélien Ramsès Cornieles a abordé ce problème de division par zéro, comme nous l'avons mentionné, et résolu cette incongruité de division par zéro. Et Ramsès a représenté par exemple, la valeur à l'intérieur d'un cercle, pour indiquer que cette valeur est incluse dans un zéro. De telle sorte que maintenant nous pouvons écrire la valeur fractionnée de Peter Higgs comme 0/2=⓪ Mais cette valeur ne peut pas être zéro, car elle est contenue dans un autre zéro.

Et maintenant nous ne pourrons pas dire que l'Univers a commencé à se former à partir du point zéro, mais bien avant le zéro, parce que nous pouvons inclure la valeur dans un autre zéro ⓪ ; et ainsi de suite d'une manière spéculaire ou virtuelle. C'est-à-dire que nous pouvons écrire ⓪/2=◎ Une valeur zéro incluse dans une autre valeur zéro, jusqu'à ce que nous nous placions d'une manière plus logique dans la plage allant de l'infini moins à l'infini plus $(-\infty, +\infty)$. Et dans le moins infini rien n'existait et personne de rien ne pouvait former l'Univers, parce qu'il n'y avait rien et personne ne pouvait exister.

Mais peut-être, ou plutôt, que cette analyse virtuelle nous conduit au début à ce que Paul Dirac a théorisé comme une particule élémentaire d'un seul pôle, c'est-à-dire, un mono-pôle magnétique. Ou une particule avec "charge magnétique" dans un champ magnétique. Parce que ce que nous avons toujours su, c'est la charge électrique d'un champ électrique. Comme, par exemple, les pôles d'une batterie qui donnent une durée de vie fonctionnelle à un circuit électronique, comme une radio ou une télévision, parce que le courant ou la batterie ont deux pôles.

Mais nous savons également que tout aimant possède deux pôles magnétiques que nous appelons nord et sud. Mais si nous coupons un aimant en deux morceaux, chaque partie aura encore ses deux pôles, nord et sud. Ou la même chose se produit avec la chiralité ; parce que si vous parvenez à tracer une ligne à travers le simple centre de votre visage, vous aurez toujours le côté gauche d'un côté, et le côté droit de l'autre. Mais il doit y avoir une ligne qui n'a pas de chiralité, et qui serait le simple centre de votre visage, et dans cette ligne théoriquement il n'y a plus de chiralité. Par conséquent, ou de la même façon que les pôles des aimants, comme nous coupons de plus en plus physiquement l'aimant, il doit y avoir un "aimant" qui n'a qu'un seul pôle, c'est-à-dire nord ou sud, mais pas les deux pôles. Et cette substance hypothétique sera une particule qui aura un seul pôle magnétique, et Paul Dirac l'a appelé un monopôle. C'est pourquoi il n'y a qu'un seul courant d'électrons dans un fil de cuivre, lorsqu'il y a mouvement de rapprochement ou d'éloignement du fil par rapport à un aimant. Mais il en va de même si nous rapprochons l'aimant du fil de cuivre ou si nous frottons un tissu de soie.

Bien que les charges électriques, elles se déplacent mieux à la surface des métaux nobles, ou ceux qui ont des forces bosoniques plus fixes qui les intègrent. C'est pourquoi les meilleurs conducteurs métalliques sont l'or et l'argent, et les électrons coulent de la terre. Par conséquent, un grand nombre d'entre eux peuvent s'accumuler dans des vêtements d'or ou d'argent. Et si les gens les portent sur leur cou comme ornements, ils deviendront des conducteurs de charges électriques, de sorte qu'il est très probable que lorsqu'un nuage chargé positivement passe au-dessus d'eux, un courant sera produit de la terre vers le nuage, et le courant passera par le corps de la personne, parce que la personne avec son bord doré ponte les électrons, et cette personne peut mourir électrocutée, car pendant un instant trop de charges électriques passent par les conducteurs de son corps. Principalement les cellules cardiaques qui produisent de l'électricité avec ce mouvement et qui sont celles qui maintiennent le pouls cardiaque actif. Une vache mouillée peut aussi mourir électrocutée, parce qu'elle a été trempée dans les sabots qui ont servi d'isolant, et l'eau conduit l'électricité, même si la vache ne porte pas de collier en or. Il n'est donc pas bon non plus de placer une cloche métallique sur le cou de la vache, car cela augmente le risque que la vache meure électrocutée lorsque le courant d'électrons passe de la terre au nuage, en utilisant le corps de la vache comme conducteur.

Et ces particules avec un seul pôle magnétique existent, parce que nous ne doutons pas que ce sont les almatrines, qui ont formé les ondes électromagnétiques qui se sont répandues dans tout l'Univers, et produisent de la lumière, et un certain nombre de phénomènes liés à toute existence. Parce qu'un seul almatrino était nécessaire, qui a commencé à tourner en forme de spirale ou de plus en plus vite. Et avec ce mouvement de rotation en spirale, l'almatrino a accéléré de zéro, jusqu'à ce qu'il soit tiré avec une force tangentielle énorme. C'est ainsi que le mouvement initial a été créé, comme le montre la Figure 4. Et nous imaginons cette vue d'en haut, parce qu'il est plus clair de pouvoir dessiner une hélice et de voir son effet tangentiellement. Mais c'est un phénomène observé dans les accélérateurs de particules, où la force de rotation augmente avec le rayon de l'équipement. C'est pourquoi l'accélérateur de particules du CERN a une circonférence de 27 kilomètres, et les Chinois construisent un accélérateur, dont la circonférence sera de 100 kilomètres. Et cet accélérateur pourrait être achevé d'ici 2030. Mais malheureusement, bien que cet accélérateur soit très gros, il n'y aura pas de détecteurs pour capter le signal qui pourrait nous parvenir des almatrinos.

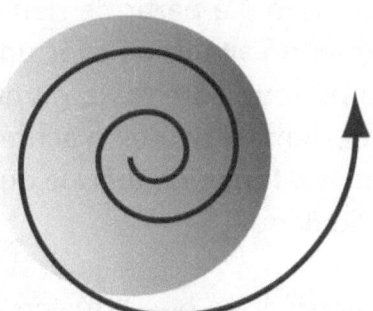

FIGURE 4
MONOPÔLE MAGNÉTIQUE D'UNE ALMATRINE VUE DU DESSUS

Mais disons que l'existence des monopoles magnétiques a été formulée par Paul Dirac en 1931, qui n'a pas accepté l'apparente irrégularité démontrée par les équations de Maxwell. Cependant, en introduisant dans ces équations l'existence de monopoles magnétiques, ces équations montreraient une symétrie dans l'interaction entre le champ électrique et le champ magnétique, qui serait à l'origine du champ électromagnétique.

Un monopôle magnétique est une particule qui n'a qu'un seul pôle magnétique, c'est-à-dire le nord ou le sud mais pas le nord et le sud. Et théoriquement, bien sûr, il peut y avoir une particule avec un monopôle magnétique, parce que l'existence de cette particule serait la base pour expliquer comment l'Univers provient d'une seule particule.

Et le 29 janvier 2014, le professeur David S. Hall du Amherst College Physics et Mikko Möttönen, chercheur à l'Université d'Aalto, dans le Grand Helsinki, en Finlande, ont signalé qu'ils avaient réussi à créer, identifier et photographier des monopoles magnétiques dans le laboratoire. Et cela, évidemment, donnerait un appui inestimable à notre théorie sur la façon dont l'Univers a été formé à partir de rien, parce qu'il n'avait besoin que de former un almatrino avec un seul pôle magnétique avant le temps zéro, comme le montre la Figure 4. De telle sorte qu'il devient essentiel d'écrire, de formuler ou d'étendre une nouvelle forme de théorie qui réduit ou élimine les doutes sur le Big Bang.

Et nous pouvons en déduire que l'Univers a commencé à se former graduellement ou progressivement à partir du temps zéro, mais que ce n'était pas un surgissement soudain, mais que l'Univers était en train de germer progressivement. Là où il commencerait d'abord comme un embryon, qui est formé d'un spermatozoïde avec un ovule à l'intérieur du ventre, mais qui occupe un espace très réduit. Ainsi, de la même manière, almatrinos sans masse a commencé à se former, parce que cette masse au repos d'un almatrino m_0, maintenant nous ne pouvons pas dire qu'il est zéro, mais nous pouvons l'inclure dans un cercle. Dont le sens mathématique est que cette masse n'est pas nulle, car elle est comprise dans la valeur zéro $(<m_0>)=m_0$. Et c'est une progression graduelle, conforme à un principe naturel, dans lequel il est établi que dans la nature il n'y a pas de changements ou de sauts soudains, mais une continuité et une contiguïté d'événements.

Et avec le concept d'almatrinos, les nombres virtuels et le monopôle magnétique de Paul Dirac, nous pouvons d'ores et déjà imaginer l'espace minimal avant que l'Univers ne commence à se former ; ou ce qui existait là avant le temps zéro. Mais tout indique que l'Univers ne s'est pas formé de manière agitée à partir d'un point très chaud ou d'une densité élevée, il est donc nécessaire d'appliquer la définition de ce modèle à un nouveau Big Bang, toujours en l'honneur d'Edwin Hubble, Georges Lemaitre et Paul Dirac.

Quant à l'erreur d'Albert Einstein, elle s'est produite parce qu'il voyait tout d'une certaine manière par rapport au phénomène de la lumière. C'est même à Albert Einstein que l'on doit l'explication du phénomène photoélectrique, dont le principe est utilisé dans l'amplification du courant électronique, dans les plus de 11 mille tubes photomultiplicateurs qui entourent le bassin de l'observatoire du Super Kamiokande. Mais la plus grande erreur d'Albert Einstein a peut-être été de supposer que rien ne pouvait voyager plus vite que la lumière, même si la preuve expérimentale présentée à la figure 5 indique que la lumière prend des valeurs infinies, tout comme l'énergie. Et cette grande vitesse des almatrinos sous forme tangentielle, est ce qui forme et formera toute l'énergie et la masse qui existe, et qui peut exister dans l'Univers entier.

5

L'ESPACE DANS L'MOINS INFINI

Mais la réalité montrée par les expériences est qu'une particule en mouvement gagne une quantité supplémentaire de masse m à partir de la masse au repos m_0. Albert Einstein a donc commis une erreur importante, car il ne s'est appuyé que sur une fonction mathématique pour affirmer que si une particule se déplace plus vite que la lumière, alors la masse qu'elle acquiert serait imaginaire. Parce que les mathématiques ont indiqué à Albert Einstein que si la valeur à l'intérieur de la racine carrée est négative, lors de l'extraction de la racine carrée, la quantité serait imaginaire. Mais le raisonnement nous dit qu'aucun mouvement ne peut être imaginaire. Albert Einstein a donc seulement déduit que mathématiquement, la masse m que la particule gagne de sa masse au repos m_0 est donnée par l'équation :

$$m = m_0 \Big/ \sqrt{1 - U^2/C^2}$$

De telle sorte que mathématiquement, U ne peut pas être supérieur à C. D'autre part, Albert Einstein assure également que l'énergie ne peut pas être imaginaire, et le phénomène réel nous dit que la masse est formée de l'énergie, donc quelque chose qui est dérivé de quelque chose de réel ne peut être imaginaire non plus. Seulement qu'Albert Einstein ne trouverait pas un moyen de résoudre la valeur négative de cette équation, et il considérait de cette fonction que rien ne pouvait aller plus vite que la lumière. Et il ne s'est concentré que sur une vision mathématique du problème, mais pas sur une analyse logique du phénomène. Mais cela a affecté, comme nous l'avons vu, l'idée de Ralph Kronig, qui a fait son erreur en ne considérant que le grand prestige d'Albert Einstein et Wolfgang Pauli, mais pas le phénomène lui-même.

Mais aussi en utilisant les outils mathématiques qui ont conduit Ramsès Cornieles à résoudre le problème de la division par zéro, nous avons utilisé la valeur imaginaire "i". Et avant que Ramsès ne le propose, nous avions déjà résolu le problème de la valeur imaginaire de la racine carrée, et nous l'avons adapté à une condition plus adaptée au phénomène réel, raison pour laquelle nous sommes arrivés à l'équation que nous avons vue précédemment :

$$\mho = m_0 * C^3 / E$$

Être m_0, la masse de la particule au moment de l'être sans mouvement. Et voici la vitesse avec laquelle la particule se déplace ; c'est-à-dire $\mho$, quand la particule est en mouvement, alors que C est une constante, qui représente en fait la vitesse avec laquelle les bosons qui ont acquis la masse se déplacent, c'est-à-dire un faisceau concentré de photons sous forme de lumière visible. Mais la valeur C, dans ce cas-ci serait une constante, donc elle est indépendante de $\mho$. Et $\mho$ ne dépend que de l'énergie de la particule E et de sa masse au repos m_0. Et la lumière ne se manifeste que lorsque les ondes électromagné-tiques qui se sont formées interagissent avec les substances gazeuses de l'atmosphère des planètes, parce que ces ondes sous forme de lumière ne sont que les ondes dérivées des ondes électromagnétiques qui s'étaient formées auparavant. Et la lumière s'est formée, à partir de l'énergie sous forme lu-mineuse qui est libérée, lorsque les électrons de la matière re-tournent à leur niveau quantique fondamental, une fois qu'ils ont été promus à des niveaux supérieurs par des radiations électromagnétiques.

Et comme vous pouvez le voir sur la figure 4, cette vitesse éle-vée est indépendante de la vitesse de la lumière et se produit lorsqu'une seule particule est tirée avec une vitesse tangen-tielle. Et c'est à partir de cette vitesse que la masse m a com-mencé à être créée, puis l'une après l'autre, jusqu'à ce que les particules interagissent, et qu'une condition physique et élec-tromagnétique a été générée qui a continué à créer la masse et l'énergie ; jusqu'à arriver au point zéro de l'Univers. Mais tout cela était indépendant de la lumière, parce que les pla-nètes n'existaient pas encore pour que les ondes électroma-gnétiques interagissent avec les atmosphères, et la lumière pouvait se manifester. Bien sûr, à l'époque, nous n'existions pas non plus. De telle sorte que l'Univers devait nécessaire-ment d'abord traverser une période d'obscurité absolue, jus-qu'à ce que les corps les plus grands et les plus solides soient formés à partir de l'énergie qui se transforme en matière.

Mais cette équation $\mho = m_0 C^3/E$ ou $E = m_0 C^3/\mho$ nous explique de manière plus logique, comment l'Univers s'est formé, parce que la masse est née d'un très petit mouvement, et cela a gé-néré une énergie qui était également très petite. Ou inférieur à zéro, selon la déduction des nombres virtuels. Et avec ce nouveau concept, on ne pourra plus dire que les valeurs étaient nulles ; car si on dit, par exemple, que la masse est nulle et non inférieure à zéro, cela ferait disparaître mathématiquement un phénomène physique réel. Et l'équation qui a formé l'Univers, maintenant nous pouvons l'écrire comme :

$$E = m_0 \Psi / \mho$$

Où Ψ est la nouvelle constante qui remplace l'autre constante C^3. Et l'équation qui explique comment l'Univers a été formé, nous pouvons l'écrire d'une manière plus logique comme suit :

$$<(E)> \; = <(m_0)> * <(\Psi)> / <(\mho)>$$

Et avec cette forme, on ne peut plus dire qu'au temps zéro la masse était nulle, mais que cette masse n'existait pas, car elle a commencé à germer à partir de rien. Et peut-être, comme on l'a dit, tout a commencé à partir d'un monopôle magnétique, parce qu'il fallait seulement qu'une seule particule avec une énergie minimale, entre dans un mouvement accéléré. Mais ce mouvement accéléré ne s'arrête plus, car il génère sa propre énergie nécessaire pour poursuivre son mouvement qui, en même temps, a réussi à générer d'autres particules. Mais une masse aussi faible n'est possible que parce que nous pouvons l'inclure dans un zéro. De telle sorte qu'un phénomène qui est réel, on ne peut plus le faire disparaître mathématiquement.

Mais qu'une particule voyage ou non à une vitesse supérieure à celle de la lumière n'est plus un phénomène purement mathématique, mais dépend des dimensions des particules que nous considérons, ainsi que de la distance qu'elles doivent parcourir ; ou au moins que nous utilisons deux variables pour pouvoir comparer nos sens auditifs et visuels. Par exemple, Galileo Galilei faisait référence aux grands corps, ou au poids des sphères. Puis Isaac Newton a examiné ces mouvements et les a représentés sous forme écrite à travers ses formules mathématiques. Mais avec ces formules, il déduit, par exemple, la loi de l'attraction gravitationnelle universelle, qui est exactement ce que Galilée écoutait de manière auditive, lorsqu'il roulait les sphères le long d'une rampe inclinée. Et pour savoir d'où vient la force de gravité, on cherche un autre boson du nom de graviton.

Mais Albert Einstein est allé plus loin, et a étudié le phénomène de la lumière, parce que c'était ce qui était visible et tangible pour lui. Et c'est pour cette raison qu'Albert Einstein, se référant à Newton lui dit : "Pardonnez-moi Newton, mais ce que vous en déduisez n'est pas accompli pour les photons qui forment les particules de lumière". Alors Stephen Hawking se leva et se référa aux particules élémentaires, et dit : "Pardonnez-moi Einstein, mais ce que vous expliquez pour la lumière, ne s'accomplit pas pour les particules élémentaires".

Mais une autre erreur de Hawking, c'est qu'il ne pouvait pas imaginer, qu'il y a des particules plus petites que les élémentaux, et que nous avons dû les appeler d'une autre manière, c'est-à-dire almatrinos. Et ces particules se déplaçaient à une telle vitesse qu'au début, elles avaient tendance à avoir une valeur infinie. On peut donc dire qu'il s'agit de la vitesse absolue d'une particule élémentaire. Et qu'en plus de créer l'Univers, les almatrinos ont formé et continueront à former toute la masse et l'énergie de l'Univers. Ou même la lumière elle-même, car en entrant en mouvement, ces particules ont créé ce que James Clerk Maxwell a défini comme des radiations

électromagnétiques. Mais Paul Adrien Maurice Dirac a considéré qu'il s'agissait d'une erreur de Maxwell, car il n'a pas in-
clus dans ses équations le monopôle magnétique.

Mais ce n'était ni philosophique ni mathématique, parce que
la formation de la masse est un fait réel, parce que c'est ce qui
existe et ce qui a été démontré expérimentalement en 1914.
Seulement que ce phénomène a été oublié, parce que c'est
Albert Einstein qui l'a enterré avec son erreur, que rien ne pouvait aller plus vite que la lumière. Mais avec les nouvelles tech-
niques, il n'a pu être démontré que par extrapolation mathématique, que les particules créent de la masse, mais que la
relation V/C va aussi vers l'infini, comme le montre la Figure 5
; et c'est ce qui a créé la masse de l'Univers.

Et nous disons par extrapolation de la représentation mathématique, parce qu'avant la valeur V/C=0,5 de la figure 5, la
fonction est une droite avec une faible pente, ce qui signifie
que V=0,5C ou que V=C/2. Et cela signifie qu'une particule qui
se déplace à une vitesse de 150 kilomètres par seconde commence à créer de la masse, mais cette masse est très faible.
Ensuite, lorsque la vitesse atteint la valeur de 0,8, la relation
m/me fait $m=m_e*\infty$. Ou que la masse gagnée par la particule
devient rapidement importante par rapport aux dimensions
d'un espace élémentaire. C'est ainsi que la masse de l'Univers
a été créée, à partir d'un point froid et de particules qui ont
commencé à se déplacer plus vite que la lumière. C'est un
phénomène que l'on peut maintenant intégrer mathématiquement dans la gamme $(-\infty, +\infty)$.

Mais toute cette déduction est une conséquence, ou est basée
sur des données mathématiques qui pourraient être saisies
sous forme graphique comme le montre la figure 5 en 1914.

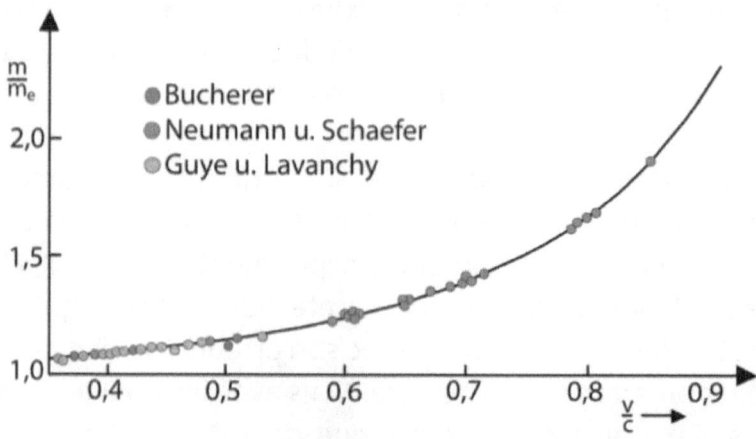

FIGURE 5
**LA MASSE QU'UNE PARTICULE GAGNE LORSQU'ELLE EST
EN MOUVEMENT**

Et c'est vraiment ainsi, qu'en plus d'expliquer comment l'Univers s'est formé, nous pouvons aussi avancer dans la ligne du temps, en utilisant l'exemple des trois personnages fictifs de Galilée et le flash du canon, lorsque nous plaçons le canon de Galilée à une distance de 4,7 milliards de kilomètres. Et lorsque nous voyageons à cette vitesse élevée, nous pourrons voir les événements en temps réel ; mais quelqu'un qui est à vitesse nulle, par exemple qui est monté sur la Terre, verra ces événements relatifs de sorte que, comme si ces événements se produisaient à l'avenir, mais que ce sont les mêmes événements du passé pour une personne en dehors de la Terre pour pouvoir voyager plus vite que la lumière.

Ou prenez un receveur de baseball, par exemple, qui reçoit les lancers qu'un lanceur envoie avec une balle qui va bien dans les receveurs à 150 kilomètres à l'heure ; c'est-à-dire à environ 40 mètres par seconde. Les receveurs pourront voir que l'épreuve de lancer se déroule très rapidement, tandis que nous, si nous arrivons à rouler sur la balle, nous remarquerons que le temps ne s'est pas écoulé, car notre vitesse est nulle par rapport au mouvement de la balle. Bien que nous avancions avec la balle à 150 kilomètres à l'heure.

Et maintenant nous pouvons dire que la vitesse maximale à laquelle une particule peut se déplacer est en fait une valeur absolue, qui est mathématiquement égale à 27.000.000.000.000.000 kilomètres par seconde. Et lorsqu'une particule se déplace à cette vitesse, il va être totalement difficile de la détecter. Mais nous devrons chercher de nouveaux modèles mathématiques capables de décrire ou d'incarner la description de ces phénomènes cosmologiques.

Parce que même si nous désintégrons un aimant ou la masse m_0 autant de fois que nous pouvons penser, elle ne peut jamais être nulle dans l'équation, mais elle sera toujours inférieure au zéro de zéros. Ou vous ne serez pas en mesure de localiser la ligne que vous marquez sur votre visage, où elle commence et où la partie gauche et la partie droite se terminent. Et de cette façon, la masse m_0 peut continuer à apparaître successivement, comme la masse m_0 dans la masse d'un autre zéro ($0/0=0$), et donc interminablement ou indéfiniment vers la valeur (si on peut l'appeler ainsi) moins l'infini ($-\infty$), car la limite du plus petit peut maintenant être imaginée par nous sous forme physique et mathématique. La même situation se produit avec l'espace, qui sera désormais le plus petit endroit qui puisse tenir dans notre esprit. Et cette capacité d'imaginer les plus petites choses, c'est ce qui nous fait penser, que nous venons vraiment d'un Micro Monde.

Mais en pratique, cela ne signifie pas que le phénomène physique n'existe pas, ou qu'il doive obligatoirement disparaître, car mathématiquement, sa nature ne peut pas être expliquée.

Mais ce qui est vraiment vrai, c'est que l'énergie et la masse de l'Univers existent, et continueront d'exister, tant que l'Univers restera en mouvement. Mais quelque chose d'aussi immense que l'Univers, rien ne pourra l'arrêter, et nous ne pourrons absolument rien faire pour arrêter ce mouvement. De telle sorte que seul ce qui nous reste est de pouvoir vivre en nous réjouissant d'appartenir à l'Univers, et que tous les êtres vivants ont le même droit de vivre dans l'Univers, mais ce n'est pas une exclusivité des êtres humains, quand ils croient que quelqu'un leur a accordé ce droit, et que par exemple les animaux et les plantes n'ont pas ces mêmes privilèges.

6

L'EXTENSION DE LA THÉORIE DU BIG BANG

C'est à travers le concept des nombres virtuels que l'on peut imaginer quelle était la taille de l'espace avant le temps zéro, puisque là quelque chose de trop petit a commencé à se former, pour pouvoir lui attribuer certaines dimensions, ou ce serait l'équivalent de la dimension zéro. Mais le système a alors commencé à bouger, jusqu'à ce qu'il atteigne le temps zéro, c'est-à-dire le moment où suffisamment d'interactions ont été faites. Et quand ce minuscule système a atteint ce point zéro, c'est à partir d'ici que nous pouvons commencer à compter le temps d'un nouveau Big Bang, que nous pouvons étendre à un temps avant zéro. Parce que c'est à cet instant qu'a été produite la force énergétique critique qui a fait que le petit système ne supporte plus les hautes énergies générées par rapport au petit espace, car ces forces s'accumulaient avant la formation de l'Univers.

Nous disons qu'il s'agissait d'énergies élevées, parce qu'elles correspondaient à la taille de ce point, mais bien que la chaleur soit infinie par rapport à ce point minuscule, si cela arrivait par exemple au bout de notre index, nous ne remarquerions sûrement pas qu'il y avait quelque chose de chaud. Mais c'est ainsi que les conditions ont été créées pour que l'Univers commence à se former à partir de cet endroit dans le temps initial. Et cela s'est produit graduellement mais pas soudainement ou spontanément à partir du temps zéro ; ou c'est à partir de là que l'on peut commencer à compter le temps zéro du Big Bang. Et évidemment, que la grande majorité des scientifiques ne veulent expliquer les phénomènes qu'au moyen d'une formule mathématique, et dans ce cas, la relation entre la masse et son volume est la densité, c'est-à-dire, $V = m/\rho$.

Et la seule façon d'expliquer d'où vient cette masse est de supposer à tort que la densité ρ était très grande à l'époque, parce que dans ce très petit volume était concentré toute la masse de l'Univers. Parce que c'est grâce à l'erreur d'Albert Einstein que les scientifiques ont commis une autre erreur, alors qu'ils n'avaient pas remarqué, que la masse m est en fait formée par le mouvement des particules. Mais avant ce moment critique, dans le temps zéro, en réalité les particules n'avaient pas de masse, et une seule particule d'un seul pôle magnétique que nous avons dû appeler almatrino, parce que l'espace pour loger cette particule n'avait pas de volume ; pourquoi, la densité ne pouvait exister non plus.

Et quant à la température élevée, eh bien, nous avons déjà expliqué que le Big Bang tel qu'il est, n'explique pas non plus où la chaleur qui a chauffé ce point dans un temps qui n'est pas zéro mais $1x10^{-35}$ secondes, qui est la valeur minimale qui peut être attribuée comme le temps Planck. Mais en même temps, il faudrait formuler un autre concept du temps, pour décrire l'écart entre l'intervalle moins infini au point zéro, c'est-à-dire $(-\infty,0)$. Bien que ce concept de temps doive plutôt être défini comme un moment éternel, car il ne change pas et existe toujours, tant que l'Univers existe.

Mais bien que ce modèle puisse effectivement offrir une explication, tout comme l'abondance des éléments, le Big Bang nous a laissé une trace, tout comme le fond cosmique des micro-ondes, et aussi la loi qu'Edwin Hubble a découverte. Mais si ces conditions observées étaient extrapolées dans le temps, c'est-à-dire en utilisant seulement les lois de la physique connues, la prédiction nous dirait que juste avant une période de très haute densité et de haute température, nous ne pourrons pas expliquer ou comprendre, avec ce même modèle, comment ces conditions ont été réellement atteintes. Et la divergence de cette séquence d'événements et de prévisions a été cataloguée comme "l'une des pires prédictions qui se soit produite dans toute l'histoire de la physique".

Ainsi, quand on croyait que l'Univers était statique, cela s'est produit pendant longtemps, parce qu'il n'y avait pas de formule pour décrire cet événement d'une autre manière. C'était un peu comme si on chevauchait une balle imaginaire montée sur la balle lancée par le lanceur de baseball, où on a l'impression que la balle est immobile, même si on se déplace avec elle à une vitesse de 40 mètres pour chaque seconde passée. Et c'est ce que l'on pensait jusqu'à ce qu'Edwin Powell Hubble, capable de regarder à l'extérieur de la boule, trouve un point de référence et réalise que les galaxies s'éloignent de nous, qui sommes sur Terre.

Hubble a donc observé que les lignes du spectre électromagnétique que nous voyons dans la figure 1, sont vers le rouge, dans cette étroite plage qui correspond à la partie visible de cet immense spectre. Parce qu'Edwin Hubble a déduit que si les galaxies s'approchaient de nous, un tel déplacement serait vers une zone visible mais celle qui correspond à la couleur bleue. Mais en réalité, nous ne pourrons pas voir absolument quoi que ce soit en dessous ou au-dessus de cette étroite plage visible.

Pour voir ou capter des ondes électromagnétiques au-dessous ou au-dessus de cette distance visible à la rétine de l'œil humain, il faudrait utiliser le bon équipement : par exemple, un appareil qui capte des ondes à très basse fréquence, comme un récepteur qui intercepte les ondes envoyées par une source d'ondes radio ; ou un appareil de télévision qui voit les images que nous ne serons pas capables de voir. Ou un appareil que nous utilisons comme WIFI, des lentilles foncées pour atténuer le rayonnement ultraviolet du Soleil, etc. Mais nous ne pouvions pas être très proches, quand l'explosion d'une bombe atomique se produit, parce que ces radiations ont tellement d'énergie qu'elles peuvent traverser les cellules, et peuvent endommager l'ADN, parce que cette gamme est très haute énergie correspondant au rayonnement ionisant des ondes gamma. Cependant, ce que nous ne pourrons pas dire, c'est qu'il n'y a pas de radiations avec une énergie plus grande que le gamma, parce que nous n'avons toujours pas de système pour pouvoir détecter ces radiations. Parce qu'en réalité, ces ondes ont une énergie trop élevée, et elles seraient semblables aux ondes ou radiations qui se sont formées au début dans l'Univers.

Mais en fin de compte, c'est grâce à cette observation attentive de Hubble que l'esprit imaginatif des scientifiques s'est ouvert. Et peut-être que celui qui s'y intéressait le plus, comme nous l'avons mentionné, était un religieux, le prêtre Georges Lemaitre, qui soulignait, d'après l'observation d'Edwin Hubble, que si l'Univers est vraiment en pleine croissance, il faudrait nécessairement qu'il y ait un point à partir duquel tout cet événement de croissance de l'Univers a pris naissance.

Jusqu'en 1964, l'empreinte, c'est-à-dire le rayonnement de fond des micro-ondes cosmiques, a été découverte, ce qui était sans aucun doute la preuve prédite par le modèle Big Bang chaud. Depuis cette théorie, considère l'existence d'un rayonnement de fond dans tout l'Univers, bien avant que ce rayonnement n'ait été découvert. Le problème est de savoir d'où vient cette chaleur, d'où elle provient et comment elle a été dite. Ou encore que la découverte de l'accélération cosmique en 1998, se poursuit avec l'intérêt de trouver en quelque sorte la constante cosmologique.

Mais nous espérons seulement qu'avec notre théorie de la gestation de l'Univers, le radeau agité chargé de scientifiques, de philosophes et de religieux, entrera définitivement dans une mer de calme, afin que l'humanité donne plus de valeur à son existence, et à l'existence de tous les autres êtres qui habitent la Terre. Parce qu'absolument, nous avons tous le même droit de vivre, parce qu'absolument, nous sommes tous issus de la même énergie qui a formé l'Univers, c'est-à-dire que nous devrions tous jouir du mode de vie qui nous correspond, mais sans avoir besoin d'être harcelés ou harcelés les uns les autres, ou de continuer à tuer nos frères et sœurs animaux pour nous nourrir de leur chair, car cela ne s'impose pas et est contraire aux lois d'origine naturelle.

Mais peut-être qu'un jour, et avec le flambeau de cette connaissance, nous pourrons illuminer les ténèbres dans lesquelles l'humanité est enfermée, afin que cette forme de vie incarnée sorte de sa phase ténébreuse, de la même manière que l'Univers est sorti des ténèbres, lorsque la lumière s'est formée. Et que ce ne soit qu'une phase par laquelle l'humanité devrait passer, afin que, comme l'a mentionné Stephen Hawking, l'humanité puisse porter le flambeau de la connaissance au plus haut niveau, et ainsi entrer dans une nouvelle étape de la conscience, qui est nécessaire à son existence, et à l'existence de tous les êtres vivants.

Cependant, pour en revenir à l'analyse du Big Bang, cette théorie ne s'est pas plainte aux grands cosmologistes, ce qui était sans doute une autre grosse erreur, parce que beaucoup d'entre eux raisonnaient, que par le fait d'avoir commencé ou d'avoir une origine, au lieu d'être stationnaire, la théorie du Big Bang était censée intégrer ces aspects religieux à la science. Parce que quelqu'un devait intervenir pour démarrer cette croissance. Mais peut-être, ce n'était qu'une coïncidence, puisque c'était la réalité qui alimentait davantage les doutes des cosmologistes qui rament encore dans le même radeau. Puisqu'ils dans la turbulence, essayez de séparer la pensée scientifique d'un phénomène réel, mais cela passe logiquement par les deux versants de la philosophie, car c'est la science et la religion. Et l'un s'appuie sur des preuves expérimentales, tandis que l'autre n'est basé que sur une idée philosophique. Et l'idée philosophique devra disparaître avec sa doctrine philosophique. Mais le problème est que tout cela fait partie de la pensée humaine lorsqu'elle essaie d'enquêter pour élaborer une explication. Nous ne pourrons donc pas séparer ces formes de pensée, seulement par le fait que quelqu'un a pris pour explication le même phénomène, d'une manière différente. Parce que Hubble, par exemple, était un sportif exceptionnel, et apparemment son père était religieux et voulait que son fils Edwin soit aussi un révérend. Bien qu'il soit prouvé que le créateur de la théorie du Big Bang, Georges Lemaitre était un prêtre catholique. Et les cosmologistes ne sont que des cosmologistes, mais ce dont nous ne pourrons pas douter, c'est que nous naviguons tous dans le même radeau.

Et nous pouvons néanmoins changer la philosophie de la pensée, mais l'origine du phénomène et sa logique est la seule chose que nous ne pourrons pas changer, et peu importe que nous soyons scientifiques ou religieux. Mais l'exemple est que, bien qu'étant religieux, Lemaitre pensait, d'une manière raisonnée que :

"Si le monde a commencé avec un seul quantum, alors les notions d'espace et de temps n'auraient aucune raison d'être au début ; et elles n'auront de sens que lorsque le quantum original aura été divisé en un nombre suffisant de quanta. Et si cette suggestion est correcte, le commencement du monde s'est produit un peu avant le commencement de l'espace et du temps".

Mais cette appréciation surprenante de Georges Lemaitre est correcte, mais c'est sans doute ce qui nous a conduit à expliquer ce qu'était l'Univers avant le temps zéro. Seulement que l'Univers, comme nous l'avons montré, ne pouvait pas démarrer au moment zéro, à un point avec une densité élevée, mais aussi extrêmement chaud, parce que cela présuppose l'existence d'une énergie avant l'événement. Cela n'expliquerait donc pas l'existence de l'énergie et de la masse noire, qui est l'une des erreurs auxquelles il faut faire face si l'on suit la théorie du Big Bang. Et notre théorie sur la façon dont il a commencé à se former dans l'univers à partir de rien acquiert plus de force. Mais si c'est arrivé d'une autre façon, que tout le monde mentionne leur logique, parce que la logique de Ptolémée a été vivant pendant plus de 1500 ans.

Bien que tout cela fasse partie de la capacité de raisonnement de l'être humain, quelle que soit la ligne qu'il a choisie comme son travail pour réaliser son propre raisonnement. Mais ce dont nous avons besoin à partir de maintenant, puisque la croissance de l'Univers ne fait que commencer, c'est qu'un changement dans la conscience de l'être humain est nécessaire ou doit se produire. Ou si la gestation de l'Univers a pris 0,75 milliard d'années, soit 9 mois cosmiques, l'Univers n'est qu'un adolescent de 13,8 milliards d'années. Ce qui veut dire qu'il nous reste encore un long chemin à parcourir pour apprendre à vivre sans faire les mêmes erreurs d'existence. Mais il est nécessaire et urgent d'élever la conscience de l'être humain, afin que l'humanité puisse corriger son comportement dans le temps, avant que l'humanité ne se détruise inévitablement. Car si le radeau était fait de bois, l'humanité dévorerait son propre radeau comme s'il était un essaim de termites.

Et avec l'émergence d'une nouvelle quantité de chaleur Q, elle deviendra de plus en plus grande, mais cette énorme quantité de chaleur générée sera transformée en une plus grande quantité de masse, selon l'équation qui définit la théorie de la relativité : $m = m_0 + Q/C^2$, ou $Q = \Delta m C^2$. Ou dans la même mesure, ou chaque fois qu'une nouvelle quantité d'énergie est formée, selon le professeur russe Andrei Linde, chaque fois qu'une nouvelle quantité de chaleur apparaîtra, une nouvelle quantité de masse sera formée, et de nouvelles galaxies apparaîtront ; et c'est la seule manière, que la quantité de chaleur produite, est apaisée de cette énorme quantité d'énergie, quand elle est condensée sous forme de masse. Parce que la masse condensée peut stocker une énorme quantité d'énergie. Prenons l'exemple d'une bombe atomique, ou de l'essence qui n'est rien de plus que de l'énergie liquide que nous pouvons transporter dans le réservoir de notre véhicule, pour couvrir une grande distance, etc.

Par conséquent, avec notre analyse des almatrines, nous pouvons maintenant comprendre pourquoi la croissance de l'Univers se produit d'une manière accélérée. Mais cela explique aussi l'autre observation de Hubble, avec laquelle il a réalisé que les galaxies se sont formées à partir de nuages sous forme de poussière cosmique.

Et avec une nouvelle théorie adaptée du Big Bang, qui peut maintenant nous offrir une explication plus large d'une gamme de phénomènes observés, y compris l'abondance d'éléments légers comme l'hydrogène et l'hélium ou le lithium, et peut-être le plus important, la théorie du Big Bang est basée sur le modèle d'Albert Einstein de la théorie de la relativité générale. Mais cela nous aidera à ouvrir la voie à d'autres théories supposées, comme l'homogénéité et l'isotropie de l'espace ou la déformation de l'espace-temps, car le temps n'existe pas. Mais les équations mathématiques qui expliquent ou étayent ces observations ont été formulées par le physicien et mathématicien d'origine russe Alexander Friedmann, un autre doit donc apparaître comme Friedmann qui formule mathématiquement les nouvelles théories.

Et entre 1968 et 1970, Roger Penrose, Stephen Hawking et George F. R. Ellis, ont publié des travaux dans lesquels ils ont démontré que les singularités mathématiques étaient une condition initiale inévitable des modèles relativistes généraux du Big Bang. Et puis, des années 1970 aux années 1990, les cosmologistes ont travaillé sur la caractérisation de l'univers du Big Bang et la résolution des problèmes en suspens.

En 1981, Alan Guth fait une autre percée dans les travaux théoriques sur la résolution de certains problèmes liés à la théorie du Big Bang en introduisant un temps d'expansion rapide dans l'univers primitif, qu'il appelle "inflation". Pendant ce temps, que pendant ces décennies, il ya deux questions dans la formulation de la cosmologie qui a généré des discussions et des désaccords, comme celle sur les valeurs précises de la constante de Hubble et la densité de la matière dans l'Univers, avant la découverte de l'énergie noire, qui était considérée comme une prévision clé pour le destin final de l'Univers.

Et depuis la fin des années 1990, d'autres voies importantes de la cosmologie du Big Bang ont été dégagées, grâce aux progrès de la nouvelle technologie des télescopes, ainsi qu'à l'analyse précise des données des satellites d'observation. Et les cosmologistes disposent maintenant de mesures assez fiables et précises des paramètres pour analyser le modèle du Big Bang.

Pourtant, en novembre 2019, Jim Peebles, prix Nobel de physique 2019 pour ses découvertes théoriques en cosmologie physique, dans sa présentation des prix, a fait remarquer qu'il n'appuyait pas la théorie du Big Bang, faute de preuves con-crètes de ces preuves, ce que Peebles a donc déclaré :

"...il est très malheureux que l'on pense à un commencement, alors qu'en fait, nous n'avons pas une bonne théorie de quelque chose comme le commencement".

Mais c'est une erreur de Jim Peebles, parce que nous avons déjà démontré ce qu'était ce principe, et la seule chose qui manquerait serait que les physiciens théoriques des nouvelles générations se consacrent à traduire tout ce qui a été dit en une seule équation pour développer le nouveau Big Bang. Parce que peut-être, pour expliquer cela, nous devons recourir à un nouveau modèle mathématique, dans lequel la réalité du phénomène, de la façon dont l'Univers s'est formé, est ajustée de manière plus précise. Parce qu'il est important de savoir comment les terriens, d'où nous venons et où nous allons, pour voir si nous pouvons apprendre à vivre en tant qu'êtres humains, c'est-à-dire sans guerres entre frères et entre êtres humains ; mais aussi pour savoir valoriser de la même manière nos frères les animaux, ou nos autres frères qui sont vivants mais qui ne peuvent marcher, comme les arbres, car ils sont nécessaires pour former la forêt qui les ombrage, et dans la-quelle les autres animaux vivent, mais les arbres sont en plus nourris avec une eau non contaminée. Mais ce sont les arbres, ceux qui revêtent la Terre de la verdure du plus beau vêtement qui puisse exister dans cet immense Univers.

À PROPOS DE L'AUTEUR

Diplômé de l'École de chimie de la Faculté des sciences de l'Université centrale du Venezuela, avec un diplôme en technologie chimique. Études de troisième cycle en sciences et technologies alimentaires. Travaux spéciaux sur la chimie des produits naturels et la chimie des maladies. Concepteur de procédés chimiques. Livres : "La chimie du cancer". "La chimie du diabète". "La crise cardiaque". "Maladie d'Alzheimer". "La chimie de l'arthrite". "La chimie de la pensée. "La chimie de l'esprit". "Comment l'Univers s'est formé. "Les dépensiers". "Pourquoi tu ne devrais pas manger de viande. "Le Micro Monde. "Dieu existe-t-il vraiment ? "Objection à la relativité d'Albert Einstein. "Deviner l'avenir", "L'univers avant le temps zéro"...

www.ingramcontent.com/pod-product-compliance
Lightning Source LLC
Chambersburg PA
CBHW021505210526
45463CB00002B/903